生存能力　抗挫折能力　自制力

好奇心　挑战精神

都是非常优秀的品质

非认知能力，是能让人更好地生存下去的能力。

让孩子在自我肯定感中成长，

儿童的大脑与心灵的培育良方！

自我肯定感：

父母给孩子最棒的礼物

【日】古庄纯一◎著
曲天皓◇译

南方传媒 | 广东经济出版社
·广州·

图书在版编目（CIP）数据

自我肯定感：父母给孩子最棒的礼物 /（日）古庄纯一著；曲天皓译．— 广州：广东经济出版社，2023. 8
ISBN 978-7-5454-8815-9

Ⅰ.①自… Ⅱ.①古…②曲… Ⅲ.①儿童心理学②儿童教育—家庭教育 Ⅳ.① B844.1 ② G782

中国国家版本馆 CIP 数据核字（2023）第 085776 号

版权登记号：19-2023-077

责任编辑：陈念庄　李　璐
责任技编：陆俊帆

自我肯定感：父母给孩子最棒的礼物
ZIWO KENDINGGAN：FUMU GEI HAIZI ZUIBANG DE LIWU
出版发行：广东经济出版社（广州市水荫路 11 号 11 ～ 12 楼）
印　　刷：珠海市国彩印刷有限公司
（珠海市金湾区红旗镇永安一路国彩工业园）

开　　本：880 毫米 ×1230 毫米　1/32
印　　张：5.25
版　　次：2023 年 8 月第 1 版
印　　次：2023 年 8 月第 1 次
书　　号：ISBN 978-7-5454-8815-9
字　　数：100 千字
定　　价：48.00 元

发行电话：（020）87393830
编辑邮箱：gdjjcbstg@163.com
广东经济出版社常年法律顾问：胡志海律师
法务电话：（020）37603025
如发现印装质量问题，请与本社联系，本社负责调换。

前言

我曾在大学接触过很多学生，根据我的观察，出身优渥的学生相对而言更加认真、谦逊、优秀。

很多学生步入社会之后会缺乏自信、畏手畏脚、四处碰壁：他们投了很多简历、参加很多面试，结果却一无所获，找到工作后也会很快辞职，没有重新找工作的决心……我对此颇感痛心。虽然有些学生看似在成长过程中没有受到什么限制，但其实会由于过去一些细微的失败经历，而对逆境和环境变化缺乏适应力。

上述例子背后都隐含着“自我肯定感”的低下，我也常常期盼他们可以在生活中拥有更强烈的自我肯定感。

“展现自己时展现更多的是缺点而非优点。”

“无法大大方方地表达自己的主张。”

这一套在学校和家里也许行得通，但不适用于社会。择业时如果不能自信满满地向招聘方展现自己的长处，恐怕连获得工作机会的大门都进不去。

大学生若要更好地展现自我，则需要对自己的经历抱有信心。比起在意偏差值（指日本用以评价高中生分数排名的机制，类似中国的高考分数排名）或他人的评价，用心思考自己想做的事情、未来的计划并对此抱以信心，才更加重要。

教育工作者们也能从尚未读大学的孩子们身上体现出的自信缺乏、干劲不足之中感受到他们自我肯定感的匮乏。自我肯定感在人生的转折点会成为坚实的力量。

但是，自我肯定感却并非一时半会儿就能培养的。

“自我肯定感”从前并不是十分著名的概念，但近年来越发受到教育、心理、福利等领域的关注，也逐渐进入了大众的视野。文部科学省与内阁府（文部科学省，日本中央政府行政机关之一，其职能相当于中国的教育部、科技部和文化部的总和；内阁府，日本处理内阁总理大臣主管的政务、协助内阁制定与调整政策以强化内阁功能的政府机构）也出台了培养自我肯定感的相关政策。有很多相关书籍将“夸奖”“语言刺激”“正念减压法”“非认知能力”（语言刺激，指通过语言交流促进婴幼儿脑发育的育儿方法；正念减压法，即mindfulness，一种现代心理学疗法；非认知能力，指智力、逻辑能力等认知能力之外，难以被量化衡量的思维能力）等概念归为强化自我肯定感的手段。

“自我肯定感”这一概念源自美国，英语写作self-esteem，可译作自我肯定感、自尊感、自我评价、自尊心、自我需要感等，本书选用“自我肯定感”这一译法予以概括。

我是从业30年以上的儿科医生，尤为侧重儿童精神健康相关的临床研究。同时，作为儿科神经专科医生，我会从脑科学的角度分析儿童相关疾病的症状、状态。根据上述研究，我发现儿童抑郁、依恋障碍与自我肯定感的缺乏呈强相关性。

约10年前，《为何日本孩子缺乏自尊感？》（光文社新书，2009年出版）一书提出了该问题，引起了超乎预期的反响。该著作以调查结果为依据展开分析，得出了“日本孩子缺乏自尊感”这一结论。但10年后的今天，这一现状非但未能改善，反而越发恶化，值得引起注意。

人刚出生时并不会有自我肯定感的问题。如果婴儿能给自己打分，那么毫无疑问必然是满分100分，也就是说，他们认为自己站在人生最完美的起点上。但是由于外部刺激过强或亲子关系紧张，大脑发育可能受到影响，进而降低自我肯定感。自我肯定感是纯粹的自我感受，所以如果婴儿时期大脑发育没有得到良好呵护，到儿童4~5岁形成自我意识时，自我肯定感就已经很低了。

即使儿童大脑发育良好，当他们成长到青春期察觉到自身能力的界限时，自我肯定感也会随之降低。但如果他们可以保持个性，便可能减缓自我肯定感的降低，其他国家儿童的成长状态也支持这一推测。

如前所述，日本人自10岁开始，直到青春期、青年期，自我肯定感一般都保持在较低水平；当然，我偶尔也会遇到自我肯定感异常高的孩子。自我肯定感太低或太高都不合适，最好能恰到好处。日本中学生的情况比较复杂，所以如果要养成自我肯定感，最好在12岁上中学之前着手进行。当然，这并不是说自我肯定感在13岁之后就无法养成了，只是确实会变得比较困难。

有很多书介绍了促进儿童大脑发育及养成儿童自我肯定感的方法，但极少有人将这两件事联系起来。所以本书将主要以儿童脑发育理论为基础来讨论自我肯定感。同时，我也将结合自身的临床经验及脑科学理论，论证自我肯定感的重要性。另外，我还将重点讲解睡眠、吃饭、作业、玩手机等家庭育儿时可能遇到的棘手问题，为家长提供解决思路，帮助孩子健康成长。

儿童能否抱有自我肯定感，与家长的干涉引导方式有关。

假设孩子正在学钢琴，如果练琴迟迟没有进步，他便可能觉得自己怎么也弹不好，产生挫败感。在这种时候，如果只是鼓励他再加把劲、下次一定能弹好，并不能培养他们的自我肯定感，我们首先要做的是肯定孩子已经做到的事情。

比如可以试试每练一次，就奖励孩子一枚贴纸，集齐5枚贴纸就可以练习下一段。小小一枚贴纸就可以让孩子真正感受到自己的练习成果得到了肯定。集齐5枚贴纸之后，不管上一段练得怎样，都让孩子直接练下一段。这样可以培养孩子的自我肯定感，形成持续练习的动机。这样做未必能让孩子弹琴的水平有所提高，但确实是养成自我肯定感的良方。

儿童的自我肯定感对其大脑发育极其重要。遗憾的是，日本家长对孩子的成长并没有起到多少正面的推动作用——这与他们是否爱自己的孩子无甚关系。我猜这可能是日本社会以谦虚为美德的文化根源带来的负面影响。

我由衷地希望本书能给有育儿烦恼的家长、教师、育儿师、保健师、心理咨询师等与儿童成长息息相关的人带来帮助，为培养儿童的自我肯定感尽一份微薄之力。

目　录

第1章　何谓“自我肯定感”

第2章　儿童大脑与自我肯定感的关系

第3章　为什么自我肯定感能让孩子成长

第4章　自我肯定感高与低的儿童有何差别

第5章 善于倾听的家长能提升儿童的自我肯定感

第6章 一些在棘手的日常场景中避免影响儿童大脑发育的处理方式

教育篇

日常生活篇

学习篇

第1章
何谓“自我肯定感”

有自我肯定感的人生更美好！

最近人们经常提到“自我肯定感”一词，而各位读者想必也是对这个词颇有兴趣，所以才开始阅读本书的。那么我在此提问：您能解释何为自我肯定感吗？可能您大致明白这是个令人温暖的美好词语，但真要展开来讲，恐怕一时间找不到合适的措辞吧。

“自我肯定感”是一个复杂的概念，但一言以蔽之，便是抱有自信。**所谓“自信”，是指“相信自己”“无论如何都能接纳自己”这种字面上的意思。**即使同被称为“自信”，本书所述的“自信”也与认为自己无所不能，即所谓自负者的“自信”是完全不同的。

面对来自全新事物的挑战，多数人都会对自己能否做好感到不安，这非常正常。

这时候，自我肯定感较弱的人在着手做事之前便开始自我否定。

“我能做好吗？失败了怎么办……”

“自己能不能善始善终，完全不放心……”

如果像这样一直自我否定，就会连自己一半的实力都发挥不出，自然难以取得成果。

相反，**自我肯定感较强的人就会想：车到山前必有路。**

“说干就干，说不定能行呢！”

“大不了重新来过，总之先试试再说！”

如果像这样就算没有什么依据也能保持乐观心态的话，**就可以让自己事半功倍，发挥出超过100%的能力。**

事例　大阪直美（职业网球运动员）

大阪直美，人称网球女王，曾荣获美国网球公开赛、澳大利亚网球公开赛冠军。

萨沙·巴金教练是她获得辉煌成果的重要支持（遗憾的是，目前二者已终止合作）。

大阪直美曾为自己不能在比赛中获得与自己能力相匹配的成绩而苦恼不已。她的精神状态并不稳定，很容易陷入负面情绪，所以萨沙·巴金教练平时就一直积极鼓励她，让她保持乐观。

虽然大阪直美本身就是容易担心失败的类型，但在教练的帮助下，她开始觉得训练变得令人快乐，精神状态也更加饱满，可以稳定发挥实力了。

担心自己可能失败而惴惴不安的人与相信自己必将成功而勇往直前的人即使能力相同，做事的成果也会完全不同。

自我肯定感强的人即使失败，也能积极展望未来：

“虽然自己这次力有不逮，但我有解决问题的能力。”

这样一来，**他们就能继续不懈挑战，直至达成目标。**

自我肯定感强的人可以将失败转化为成功，他的**人生收获自然会更加丰富。**自我肯定感强与自我肯定感弱的人，哪一方的生活更轻松，结论一目了然。

而能做到不与他人攀比、**能够接纳真实的自己，也是自我肯定感强的人。**

与他人攀比得到的自信是肤浅、易碎的。人外有人，天外有天，当遇到比自己优秀的人时，这种自信就会土崩瓦解。所以，**认可自己的努力、认可努力的自己，而非仰赖结果论或他人的评价，这种心态非常重要。**如果可以真正认可自己，心态就会变得平和，即使面对他人非议，也可以坦然接受，而非针锋相对。

自我肯定感强的人并不会过分自吹自擂，因为他们**已经认可、接纳了自己，内心已经得到了满足。**

而自我肯定感弱的人，因为并不认可自己，所以更希望被他人认可、被他人称赞，会更倾向于吹嘘、展示自己。您的身边想必也有十分渴求他人认可的人，他们看似很有自信，其实往往缺乏自我肯定感。

坚信自己备受重视

自我肯定感强的人可以接受自己一切好或不好的方面。这不光支持着今天的他，也会**成为未来的他自信的根源，为心灵打下坚实的根基。**有了坚定的心灵就能源源不断地涌出生存欲、干劲，以及前进的动力。即使成长路上遭遇挫折，他也不会被击倒，而是继续前行，**最终成长为坚强的人。**

自我肯定感强的人拥有只要做就一定能做到的自信。

抱持这种信心的人会敢于向一切发起挑战，即使面对困难挫折或全新事物，也不会视其为无法逾越的高墙，而是可以跨越的小小障碍。即使挑战失败，他们也会乐观地从失败中吸取教训。这种自我肯定感强的人**可以从挑战中不断积累经验，越战越勇。**

有志者事竟成的**自信，源自一次又一次“挑战-成功”这种微小成功的积累。**下面请允许我介绍一下我在荷兰的见闻。

事例 荷兰的小学

我曾在荷兰的小学参观学习。

在校长的引荐许可下，我得以旁听他们的授课。荷兰小学生上课时充沛的活力令我印象深刻。

老师对学生们说："今天我们有从日本远道而来的客人，有谁想和他们聊一下吗？"

好几位学生都举手了。其中一位学生讲述道："我不擅长跑步，每次赛跑都会输，所以我和大家商量，让我的起跑线稍微靠前一些，老师也同意了。此后，我参加赛跑有输有赢，参与起来也变得有趣多了。"

这在崇尚平等的日本学校是难以想象的。而在这里，大家更在意公平，所以愿意让一让相对处于劣势的孩子。这避免了学生积累一直输个不停的不良体验，让他们拥有努力就能成功的机会，从而积累成功的体验，逐渐培养出学生们的自我肯定感。

这位学生还说道："后来玩其他项目时，我向老师提议新的规则，老师夸我提得好。后来我就一直在考虑怎样制定规则，能让大家都玩得开心。”

他即使并不擅长运动，也可以认可自己，并为自己提出解决方案，而他也可以得到其他人的认可。荷兰孩子和日本孩子之间自我肯定感的差距，不必特意调查也显而易见了。

让我们继续分析自信心理。自信有很多种，而**“重视自己”**是自我肯定感的根基。

建立自我肯定感最基本的条件是保有最基本的信赖感。所谓基本信赖感是婴儿时期萌生的重要情感，也是精神与大脑发育的重要基础。

婴儿需要他人照顾饮食、排泄、穿衣等以维持生存，这些一般由父母来做。而在父母的照料之下，婴儿会**感到自己非常重要，从而萌生对自我的信赖感。**当有了自我信赖感，就可以**坦然接受外界给予的一切，而不会对此过多自责。**

如此一来，婴儿受到照顾、得到关爱，**便会去相信这个世界，从而萌生对其他人的信赖感，放下对他们的戒备心，率直真诚，**与他人建立良好的关系。

之后，孩子在与亲人、朋友、师长的信赖关系中，基本信赖感便会逐渐建立起来。而当有了好朋友、建立良好人际关系后，自我肯定感也会随之提升。

但是，如果在建立基本信赖感的时期自身受到否定，就会认为这世间不值得，产生自我否定的情绪，无法做到爱自己。例如遭到双亲的虐待或家暴、成长过程中缺乏关爱，没能建立基本信赖感的基础，自我肯定感就会低下。

事例 A（9岁）

A，9岁，因尿床前来就诊。我认为这个年龄尿床也不必惊慌，可以先静观其变。但是A的母亲嫌处理尿床太麻烦，晚上让A穿纸尿裤，还对其加以训斥。

A的学习成绩很好，也经常帮母亲做家务，是非常优秀的小学生，但因为母亲的训斥，他觉得自己很孤单、什么事都做不好，自我肯定感低下，对很多事情都没有信心，觉得自己做不到。

A自幼便父母不和，在他上小学时父母离婚，他随母亲和妹妹一起住。因为有妹妹在，母亲教育哥哥要学会忍耐，不能对母亲撒娇。母亲工作比较忙，经常训斥A为何一点小事都不能自己做好。

自我肯定感低的孩子不会觉得自己被爱、自己很重要，他们通常自卑、缺乏自主意愿、不擅长与人交流，并往往伴随着易怒的倾向。

而热忱于育儿、教育、倾注爱情的家长也可能培养出自我肯定感低的孩子。

这些儿童的生活完全被家长管理，志愿也被指定，如果成绩不好还会遭到斥责，被责令加倍努力学习——家长的这种教育观念会使孩子的自我肯定感降低。之前的成绩明明没有问题，但如果孩子的成绩稍微下滑或临近重要考试，他们对孩子的要求就会一口气上升。受到家长过度的期待，孩子只想把自己好的一面展示给家长，隐藏真正的自己，就会让自我肯定感降低。

自我肯定感并非一成不变之物

儿时成长环境不理想、自我肯定感低下的孩子，就不能重拾自信了吗？

自我肯定感是伴随一生不会改变的吗？答案是否定的。

大脑具有可塑性，有恢复能力。根据与他人相处的状况，自我肯定感是可以培养的。重拾失去的自信心并不容易，但也绝非不可能之事。

以下是一些发生在儿童疗养机构的例子。

近些年儿童虐待案增加，日本疗养机构新入院的儿童中，有六成曾经历过暴力或负面体验（如弃养等）。

我加入了开展辅助自立交流训练的研究组，对这些孩子的训练游戏效果进行测试。

训练为期三个月，从训练前后进行的两次调查结果可以看出，训练后儿童的自我肯定感得分大幅上升。曾遭受虐待的儿童自我肯定感得分最初极低，但经过训练后，他们的自我肯定感分数上升到了与普通孩子接近的水平。

曾遭受过虐待的儿童也可以通过**倾听他人说话、练习表达自己的观点、自身得到认可等正面的体验，重新建立自我肯定感。**

儿童的大脑会随时间逐渐发育成熟。即使儿童经常认为自己不行、做不到，言语表现消极、缺乏兴趣与欲望，也可以**在成年人正确的应对干涉下建立自我肯定感。**

国内外的研究结果均表明，10~20岁本就是自我肯定感低下的年龄段，而此后自我肯定感会不断上升，这一上升趋势直到60岁以后也并未停止。一些对个体持续追踪性的研究调查也得出了相同的结论。

关于这一结论，有多种不同的解读。

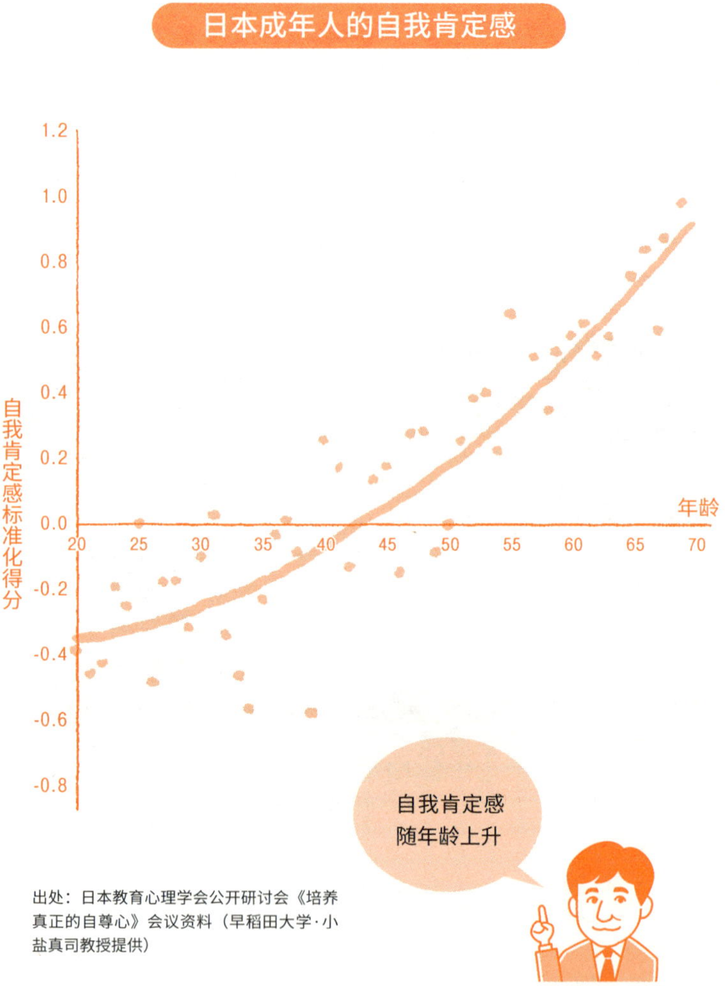

出处：日本教育心理学会公开研讨会《培养真正的自尊心》会议资料（早稻田大学·小盐真司教授提供）

人到高龄才终于获得很高的自我肯定感，感到自我满足，换言之，他们对从前的自己评价会相对负面。

自我肯定感强、精力充沛的老人会根据自己的这一体验对年轻一代的育儿行为指手画脚，这就会导致育儿的年轻人及孩子们都陷入被动情绪，导致自我肯定感下降。60岁以上人群自我肯定感之高，可能反而揭示了日本育儿环境存在的问题。

另外，近期调查显示，除高龄人群外，日本其他人群的自我肯定感均比以前有所降低。有观点认为自我肯定感低下与社会的弱肉强食和保守的政治环境相关。日本人整体的自我肯定感低下可能与共生社会环境及日本和外国的关系相关。

第2章

儿童大脑与自我肯定感的关系

自我肯定感随自我认知而生

自我肯定感是随着自我认知意识的产生而萌生的。刚出生的婴儿还未产生自我意识，自然也没有自我肯定感。

那么婴儿是从什么时候开始产生自我认知的呢?

出生3~4个月的婴儿无法意识到镜子中的像是自己，而会认为那是其他人，所以会拍打镜子、与镜子贴脸，或者试着与镜子中的自己互动。**婴儿大约会在1岁半意识到镜子里映照的是自己。**

可以认为，自我意识是在与他人交往互动中生成的。

婴儿会在2~3岁开始萌生自我意识，将自己与他人区分，这一时期就是所谓的“婴儿逆反期”。**反抗双亲的话语是树立自我的重要证据。**

到了5岁左右，儿童会开始意识到自己与其他人（包括双亲）不同，**会开始产生自己能做到某些事、自己比某个朋友跑得慢等明确的自我意识。**

这就是**自我肯定感的萌芽**。

这段时期父母的只言片语就可以影响儿童的自我肯定感。**如果被夸擅长某件事，儿童就会觉得自己擅长某件事，产生自我肯定感；**如果被训斥什么都做不好，儿童就会认为自己真的什么都不会，自我肯定感就会降低。

这里我将稍微讲解一些大脑结构的知识。

大脑大体上可以分为接收外部信息的输入功能区，与处理这些情报并进行判断、行动的输出功能区两部分。

处理耳朵、眼睛等视听信息的部位位于大脑后侧。人刚出生时这部分区域便已开始工作，但当时还不能正确认知听到了什么、看到了什么。

从出生开始到幼儿期，大脑的这一区域也在逐渐发育。幼儿虽然可以明白接收到的信息并付诸行动，但这并不意味着幼儿深刻思考了其中的含义。

而对接收到的信息进一步分析判断的部位在大脑前侧。其中前额叶是大脑中主宰思考与创造力的最高中枢。人类的前额叶比其他动物显著发达，可以说是**人类大脑与其他动物大脑相比最为独特的部位**。前额叶与交流和社会能力相关。

前额叶是非常晚熟的大脑部位，**大约在上小学时开始发育，在20~25岁发育成熟**。

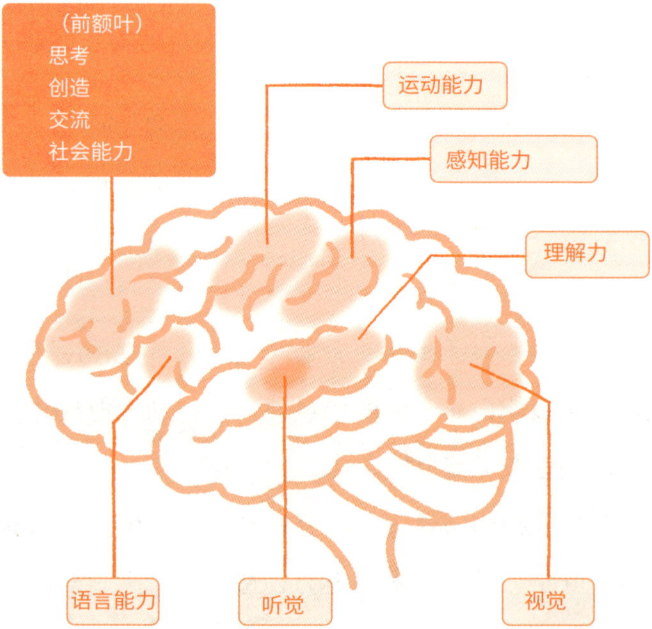
（前额叶）
思考
创造
交流
社会能力
运动能力
感知能力
理解力
语言能力
听觉
视觉

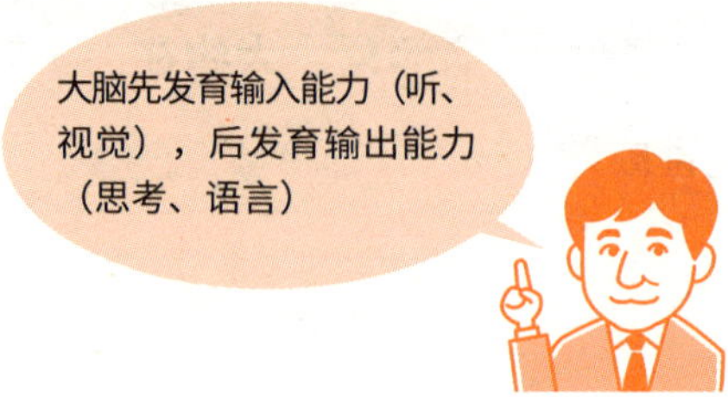
大脑先发育输入能力（听、视觉），后发育输出能力（思考、语言）

伤害儿童大脑的家长言语

我在临床诊疗经历中遇到的很多儿童的行为问题源自双亲在他们小时候对待他们的抚养态度。

如果双亲一直吵架，即使并非生长在特殊环境，孩子也会每天接收到怒吼声、严厉语气、愤怒表情等负面信息。而且，如果孩子自身被训斥，这种恐怖的体验会进一步加强刺激。即使是婴儿也能感受到外界的光与声音，可以本能地判断接收到的信息令自己愉快还是不快。即使不能理解究竟在什么背景下发生了什么事，但是恐惧、担心等负面情感仍然可以化作记忆储存起来。

有研究表明，在母亲承受父亲家暴的家庭中成长的孩子，大脑特定部位的发育会受到阻碍。

对这些孩子的大脑扫描显示，他们的后脑的视觉及听觉信息处理区域产生了萎缩或损伤。这部分损伤也将影响后续脑中部及脑前部的发育，所以相当于阻碍了大脑整体发育。

遭受过恐怖体验的人难以控制自己的情感，不光有心理原因，也有大脑器质性病变的影响。所以，**在幼儿面前，成年人应保持情绪稳定**。

自力完成的感觉很重要

2岁以前的儿童可以处理他人传授或给予的信息，但并不能从中甄别出自己需要的信息并加以记忆，原因是此时儿童大脑尚未发育完全。

这一阶段他们会首先关注信息中自己感兴趣的部分，比如凝视、随着声音运动、用手指着喜欢的东西等。

同时，他们会对陌生或讨厌的信息做出害怕或不愉快的反应，儿童认生、害怕巨响便来源于此。

对这个阶段的儿童而言，成人喜欢的动画、游戏所包含的信息量超出了他们大脑能处理的范围。同时，这会让儿童失去自发探索自己感兴趣的信息的机会。

前文已经提到训斥会损伤儿童大脑发育，然而即使并非亲身体验，仅仅是观看血腥暴力的场景，这种持续的刺激对儿童而言就过于强烈，会导致他们无法关注令自身愉悦的信息。所以**成年人必须控制2岁以前儿童所能接触到、输入大脑的信息。**

视、听、触、握、舔这五感对婴儿的大脑发育非常重要。这些感觉是婴儿人生中的首次冒险与挑战，会**大幅激活他们的大脑**。当婴儿会说话之后，**亲子对话可以进一步刺**

激、激活婴儿大脑。与婴儿四目相对交谈、笑着对他们讲话，会对婴儿大脑的输入功能区产生良好刺激。

另外，婴儿虽然只能用单纯的哭或笑表达情绪，但他们会逐渐基于讨厌某物、希望某事继续等自主意识，开始表现出执拗、反抗指令的行为。阻止婴儿的这种行为会导致他们的感情无法得以表达，所以此时应尊重他们的意志。

从2岁左右开始，儿童会开始以大脑接收的信息为基础，通过一系列微动作表达自己的情感。所谓微动作指画画、玩玩具等主要用手指完成的动作。

对这一阶段的儿童而言，**获得自己从若干玩具中做出选择的经历**非常重要。如果一直由身边的成年人一件接一件给他们买玩具或者一直看视频、动画，他们就会丧失亲自选择、游玩的体验。

让我们抛开成年人的视角，从儿童的视角来看待这一问题。对儿童而言，相比起给予充足物料——或者说信息量，**儿童亲自探索产生的自主选择感、得到大人肯定的成就感等感情**来得更加重要。

自我肯定感建立在成就感的基础之上。达成目标的成就感、喜悦感逐渐积累，就会建立自信心。

儿童需要靠他人的夸奖鼓励来确立自身的成就感，特

别是在2岁左右时。身边的成年人应当及时鼓励他们“做得好”“我很满意”“真有趣”，**语气表情略显浮夸也无所谓，重点是要向孩子传达他们被表扬了的信息**。

自我肯定感觉醒于5岁

大脑的前额叶部分在5岁左右开始发育。这一阶段的儿童开始能控制自己的行为，可以参与集体活动，能自问自答，以及自我反省。一般认为，自我肯定感的觉醒是伴随着前额叶的发育而产生的。

作为大脑的思考区域之一，前额叶需要安定的情感环境及大量的感觉刺激来促进发育。所以，孩子成长到5岁期间如果能得到适当信息刺激、可以自由表达情感：**成功便会喜悦欢笑，失败则会愤怒哭泣，那么在这种环境下成长的儿童自我肯定感更强。**

相反，在不良环境下成长的儿童持续接收着负面信息，不能自由表达情感，自他们觉醒自我意识伊始，自我肯定感便会低下。

上小学后，儿童的自我肯定感建立在自己与他人的比较之上。这种比较不仅是外表或成绩，还包括类似“我做不到这些”“我想不到这些”等内部的思考。

儿童会在10岁左右开始难以维持对自身的肯定感，容易抱有自卑感，这在心理学中被称为“十岁之壁”。这可能是儿童心态从幼儿期自己无所不能的状态开始调整的时期。这种现象在世界范围均有存在，但在日本，自青春期开始，儿童的自我肯定感便急转直下，这属于日本的独有特征。

在日本，不光一开始就缺乏自我肯定感的儿童很多，小学之后仍然不能建立自我肯定感、不能认可自己的儿童及青年也日益增多。这令人不得不怀疑日本的家庭与校园教育出了什么问题。

文部科学省通报的“暴怒儿童”

近期，家庭、托儿所、幼儿园、学校中“暴怒儿童”频繁出现，成为一个社会问题。我认为，儿童的易怒与自我肯定感不足相关。

事例 B（小学二年级）

B，女，小学二年级，成长在双亲关系恶劣的家庭中，伴随着争吵声长大。因为经常被大声训斥，她在家中也时刻畏畏缩缩，不敢向母亲撒娇，自我肯定感弱。

B虽然体谅母亲，也能交到朋友，但只要稍微不合心意，如朋友迟到、谈到不喜欢的话题等，就会像变了个人一样勃然大怒，甚至会说出“我要杀了你”这种平时绝对不会说的话。之后，她又会因为自己的这种暴怒而深陷失落之中。我建议B试着在感到自己要暴怒时立刻离开，并向母亲倾诉当时的情况。后来，在向母亲倾诉后她的状态便可以平稳下来，人也变得不再易怒，也不再乱放狠话了。

针对校园日渐频发的问题儿童现象，文部科学省从脑科学等方面出发展开了研究。该研究于2007年发表了调查结果，在此予以概括介绍。

①对5岁之前的儿童而言，依恋养成（充分被爱）和生活节奏养成非常重要。这与前文所述的大脑输入功能区的发

育相关。

②应对儿童大脑接收的外界情报给予控制。幼儿身边的成年人应避免让幼儿接触巨大声响或刺激性场景。随着儿童发育，应让其根据自身兴趣选择信息，例如自行观察、探索等视觉信息，听喜欢的绘本朗读、喜欢的音乐等听觉信息，等等。

③乳幼儿教育对情绪的形成非常重要，这一时期的教育要注意令儿童情绪稳定。乳幼儿教育并非一味给予，而是要根据儿童的互动反应确定他是否理解了他人的感受、是否表达了自己的情感来逐步开展。无视儿童情绪安定与否，让他们循规蹈矩地学习、灌输成人社会的规则，对儿童来说毫无意义。

④大脑中央部分负责掌管运动和情感功能，以及信息表达功能。对儿童而言，为了令他们情绪稳定，除了接收信息之外，还要让他们有情感及运动表达的能力。

⑤大脑前额叶的发育在8岁达到最高峰，并在成年期停止。前额叶承担信息输出的功能。从青春期开始的这一漫长时期，正确的人际关系教育及学习非常重要。

⑥大脑是从后部向前部发育的。大脑后部发育不良，大脑前部的发育也会受到影响。这与儿童易怒、情绪不稳定等

社会问题相关。

与自我肯定感相关的神经传递物质（激素）

我们感受到喜怒哀乐，以及进行各种思考时，都有大脑中的神经传递物质（激素）在发挥作用。**双亲用明确易懂的表情与孩子互动、为孩子做各种事，都能使儿童脑内的神经传递物质高效运作。**

代表性的神经传递物质包括：血清素、多巴胺、去甲肾上腺素。

血清素可以起到舒缓情绪、提供安全感及幸福感的作用。血清素构成了身体平稳顺畅活动的基础，如果血清素分泌不足，会导致攻击性强、不安、抑郁及易惊恐等症状。

多巴胺让人可以感受到快乐及喜悦等情感。根据研究，人在受到夸奖时，大脑的奖励系统（欲望得到满足时开始活动的系统）会让大脑开始分泌多巴胺，使人感到愉悦。如果缺乏多巴胺，会导致人对事物缺乏兴趣，活动能力下降。

去甲肾上腺素是让人感受恐怖、惊吓、兴奋等情感的神经传递物质，在精神或肉体感到有压力时就会分泌，强化身体活动相关的交感神经。去甲肾上腺素的分泌失调会使人感到不愉快、身体状况变差。

上述三种神经传递物质的分泌平衡会促进大脑发育。

近期催产素也引起了人们的关注。催产素主要在人接触往来时分泌，可以令人感受到幸福及与他人的联系。乳幼儿和成年人都会**因肌肤相亲或相逢团聚而分泌催产素**。

爱的抚育有益于大脑发育

幼儿会将周围人的言行认知为自身的感受。因此，诸如双亲等**亲近的人给予足够的爱，可以使儿童自身也更爱他人。**学术上将这称为“依恋形成”。依恋，指儿童对养育者的信任感，确切地说是一种特殊的情感联系。

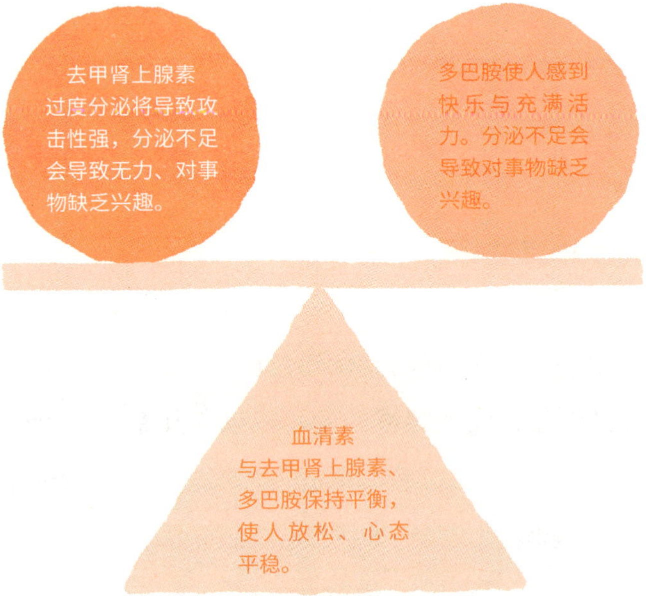
去甲肾上腺素
过度分泌将导致攻击性强，分泌不足会导致无力、对事物缺乏兴趣。
多巴胺使人感到快乐与充满活力。分泌不足会导致对事物缺乏兴趣。
血清素
与去甲肾上腺素、多巴胺保持平衡，使人放松、心态平稳。

也要关注令人感受到幸福及与他人联系的催产素哦！

让儿童在安心、安全的环境成长，不让他们大脑中感受恐怖、不愉快等情感的部分受到过多刺激或过于兴奋，可以培育与儿童的亲密关系。

相反，如果儿童成长过程中缺乏关爱，就会产生依恋障碍，成年后会难以理解爱恋他人的情感。同时，他们也会无法客观理解自身，产生自我否定情绪，自我肯定感弱。我在临床诊疗中遇到过很多这种案例。

以下将介绍一个案例，为保护当事人隐私，对细节信息进行模糊处理。

事例 C（16岁）

C，16岁，女，通信制高中在读学生（通信制高中，指通过邮递、电视和因特网等手段进行教学的日本高中），因头痛、经常惊恐发作前来就诊，同时伴有记忆突然中断、很久以前的记忆像昨天一样鲜明再现的症状。经问询，C的过往经历非常艰辛。

C的父亲经常责骂她的母亲，有时甚至会施加暴力。可以想见C和母亲在家里一直担惊受怕。C的父母在C小学二年级时离婚。C在大脑发育的重要时期受到大声责骂的听觉刺激、母亲遭到殴打的视觉刺激，玩玩具或画画时也会被父亲视心情胡乱抱起或遭到责骂。C自称小时候从未有过能安心玩耍的经历。

按理说，这应该是家庭和睦、安心，通过游玩、阅读绘本等方式，接受视觉、听觉、触觉等感官刺激，促进大脑发育的时段。同时，对家人的依恋关系也应在这一时期形成。但是C则在这段时间持续接受着不恰当的强烈刺激。

C在小学遭受过校园霸凌，幼年期间没有快乐的经历，和其他孩子聊不来，看到粗鲁的男生就会浑身僵硬，难以融入班集体。有人羞辱她像冬眠动物一样，还有人唱青蛙之歌嘲笑她。C经常请假，小学五年级之后几乎没再去过学校。

而C后来的经历更加恶劣。C在初中一年级遭到了性侵害，她思索这是否因为自己有问题。因为知道没人会听自己的控诉，所以没有第一时间告知母亲。母亲数日之后才得知此事，检查受害状况时C出现了过度呼吸、身体僵硬、头颈不能移动的症状，母亲因此怀疑她遭受侵害是装的。因为不想回忆不好的事，C没有去报警。这次诊疗是她第一次和家人之外的人提到自己被侵害的事情。

当C讲述痛苦的经历时，这份记忆就会突然觉醒，令她感到强烈的惊恐。C曾为摆脱恐惧感大量服用处方精神镇定药物而被送医急救。急救医生叮嘱她不要擅自大量服药，应去处方医院复诊，但C认为如果自己透露过量服药一事，就会得不到药物，所以没有前去就诊。

C对自己没有自信，认为一切都是自己的错，自我肯定感极低。在这种情况下，即使被送去急救劝她就医，她也听不进去。C同时深受痛苦记忆闪回症状（指创伤性回忆）的困扰，试图前行时也会被失败经历施以重压。

首先，我向C明确表明：“你绝对没有错，你自己要经常记得这点。”C的诸多症状都建立在她自我肯定感弱，也就是大脑没有充分发育的基础上的。她的大脑记忆了恐惧的体验，但没有处理这些信息。我同时叮嘱C，药物并不能马上治好她的症状，她应当开始积累一些生活中微不足道的“小幸福”，同时尝试一些简单的运动。

在幼儿、少年时期，C的大脑接受了不应有的强烈刺激，但又缺少必要的正面刺激。所以对她而言，与其服用药物或接受心理咨询，发掘出她自身的恢复能力可能更有益于她的未来。虽然C已经16岁了，但我仍认为她从现在开始积累儿时从未有过的快乐体验，也可以促进大脑发育，所以我给出了诸多建议，例如，多听节奏舒缓的歌曲，而非同龄人爱听的快节奏劲曲；多玩黏土、积木，读读绘本，而非玩网游、参加学校社团活动。

虽然这些行为不能改写过去不愉快的经历，但可以让遭受不幸的“过去的自己”和“现在的自己”一刀两断，这样就可以重塑自己的形象，建立自我肯定感。融入集体需要配合集体行动，这对自我肯定感弱的人而言并不容易。不过C现在在读通信制高中，相对而言独处时间更多，可以不用在意外部环境进行尝试。

后来，C逐渐开始有了自信心，变得敢于宣言：“我高中毕业后想去职业学校，当一位保育士（保育士，日本从事儿童看管、护理的专业职业）。”

第3章

为什么自我肯定感能让孩子成长

自我肯定感影响潜能

为了让孩子有更好的未来，能先人一步，很多家庭会让孩子在上小学前就开始学习。

一般认为儿童的早教盛行源自卡耐基基金会发表的《起点》（Starting Points，1994年）一文。该论文认为儿童的智力发育得益于出生到3岁大脑的发育。自此论文面世之后，担心错过孩子大脑发育期的惶恐双亲都开始等不及孩子3岁就开始进行智力开发等多种早期教育。

早期教育指并非源自儿童自身意愿，而是基于家长的期待，早于常规教育开展的文字、数字、外语、音乐、体育等方面的教育行为。早期教育确实同精英教育一样收获了一些赞同，但同时也有很多质疑的声音。

在日本也有很多孩子上小学前就已开始参与游泳、钢琴、英语、智力开发教育等多种早期教育。这可能源自幼儿体验促进大脑发育、教育要尽早的观念。而在体育、艺术等领域，更有如果不从小训练就无法成为一流选手的说法。

儿童的发展确实会随幼儿期的环境而改变，但儿童奔波于各种学习班，身心持续处于紧张状态，存在因此过度疲劳的案例。同时，由于连续学习，儿童和家长都十分操劳，他们的日程也趋于紧张。

作为这种社会现象的反作用，**生存能力与人性比智力更重要**的观点最近开始进入公众的视野。**坚持能力、抗挫折能力、自制力、好奇心、挑战精神**，都是非常优秀的品质。

可以通过测试或IQ值等手段量化的能力被称为认知能力，而相对地，这些**不能用数值量化的基本能力被称为非认知能力**。

非认知能力与感情和心灵相关，是能让人更好地生存下去的能力，但我认为**自我肯定感才是支持非认知能力的基础。**

尊重儿童的自主性，通过丰富的体验增强自我肯定感，就能让他们获得非认知能力。在这个变幻莫测的时代，**自我肯定感想必会使人与人之间的潜能拉开差距吧。**

非认知能力强的孩子更有前途

在学校成绩优异的人，进入社会后也可能一筹莫展。相反，学生时代平平无奇，进入社会后却能抓住机会一举成功的也大有人在。而毕业于顶尖名校却不能适应社会，最终只能一直闭门蜗居的人也不在少数。

很多人已经注意到，**在学校取得的成绩和在社会上成功与否未必相关**。最近的研究发现**这其实与非认知能力相关，非认知能力由此引起了全世界的关注**。

非认知能力受到广泛关注的契机是芝加哥大学的詹姆斯·J. 赫克曼（2000年获诺贝尔经济学奖）的一项研究。

赫克曼教授在密歇根州的佩里学前项目开展了研究。佩里学前项目是一项针对贫困阶级儿童的研究项目，对参与该项目及未参与该项目的儿童开展了持续到他们成年后的长期跟踪调查。根据对象到40岁为止的调查结果，他们在高中毕业率、平均收入、社会福利领取率、犯罪率等方面出现了显著差异。

接受过学前教育的人比没接受过的人高中毕业率更高，受过逮捕的比例更低。另外，前者月收入超过2000美元的人数是后者的4倍，购入自有住房的人数是后者的3倍。

这项研究表明，幼少儿期的教育对学习以外的方面也有正面作用，可以将人生引向更好的发展方向。此外，在乳幼儿期接受的学习类教育只能在短期内提高IQ数值，没有长期效果。

接受学前教育的孩子更有前途，是因为他们**学习意愿强，有战胜诱惑的自制力，面对难题更加坚持不懈**。赫克曼教授强调，比起IQ数值，非认知能力对实际的社会生活更加重要。

在此项研究之后，美国等多个发达国家都开始关注并理解非认知能力，并开始将其渗透到幼儿看护及教育领域。日本也已开始在教育领域注重非认知能力的培养。

非认知能力不是与生俱来的，而是后天养成的。非认知能力包括多种维度，自我肯定感也是其中之一，但正如我在前文所述，**自我肯定感是支撑起一切非认知能力的心理基础。**

自我肯定感强，更抗挫折

很多家长都明白，克服困难、战胜困难的强大心态很重要。所谓心态的强大可以概括为心理弹性。心理弹性是一个心理学概念，意为“从困境中振作起来的能力”。

每个人都会遇到失败、挫折、失落，产生挫败感。但对心理弹性强的人而言，**逆境是更进一步的跳板**。心理弹性并非不会失落、挫败，而是一种**从逆境重新站起来的能力**。能从逆境中尽快站起来恢复如初，就能跨越人生中的很多障碍，这对成长为可靠的人而言是不可或缺的素质。

自我肯定感是心理弹性发挥作用的基础。在同样的困境中，有的人能很快振作，有的人会停滞不前，两者之间的区别就是看待事物的角度。

举个例子，桌子上有半杯水，有的人认为还有半杯，有的人认为只剩半杯。对前途看法乐观与否会随观察角度而大不相同。

儿童看待未来的角度会受到**双亲的强烈影响。如果双亲经常积极鼓励孩子没问题、总会有办法的**，儿童也会更乐观地看待未来。乐观的视角就会让儿童有**放手去做的想法**。相信未来、相信自己的能力，就能够振作起来。这样一来，他们就会成长为**相信自己只要有方法就能战胜任何困境的乐观主义者**。

如果不能相信未来、相信自己的能力，就会因为不可预料的状况畏手畏脚，关注消极因素，无法控制身体、情感、意识。这就会构成自我质疑何以至此的恶性循环，最终容易成为悲观主义者。

抗挫折力，也就是经历困难及挫折后不放弃，能继续向目标前行努力的韧性，与精神强度相关。这一点因畅销书《抗挫折力GRIT》（钻石社）作者宾夕法尼亚大学心理学家安杰拉·达克沃思的研究而开始受到关注。

达克沃思教授采访了多位成功人士后经过分析认为，这些人之所以能在各个领域成功，是因为**抗挫折力比才能或智力更重要**。

能够顺利通过美国西点军校为期7周的严苛基础训练“野兽军营”、陆军特种部队的严格选拔，取得优异成绩的人，既不是有才能、有前途的人，也不是体力强、适合这些项目的人，而是**具有遇到挫折决不放弃的抗挫折力的人**。能够抵抗挫折，靠的是相信前途明亮的乐观视角，以及相信自己有价值的心态，也就是**内心深处抱有自我肯定感的人**。

另外，一项在芝加哥的公立学校针对数千名高中二年级学生开展的调查表明，抗挫折力强的学生升学率更高。**他们能够学业有成，是因为他们能持续钻研不懂的问题。**抗挫折力是人在面对困难时能够咬牙挺住的特质。能承受挫折的人，都是可以乐观看待未来、相信自己的价值、**内心抱有自我肯定感的人**。

自我肯定感弱的人会因一点小失败或不顺就认为自己不行，产生挫败感。而最终被挫败，会强化他们认为自己再次失败、自己果然不行的想法，陷入恶性循环。面对失败和逆境，他们不会从中汲取经验、活学活用，而是认为挫折在证明自己确实没用。在日本（尤其是体育运动方面），人们会称赞不达目标誓不罢休的人，将这种品质称为“韧性”。

我认为，现在的教练对运动员的目标都是半强迫性设置的。心理弹性是个人产生的内在力量，有个体差异性。一味将其概括为“韧性”，一来对自我肯定感强的人不起作用，二来会加深自我肯定感弱的人的挫败感。我认为这种“韧性理论”也是日本孩子自我肯定感弱的原因之一。

自我肯定感强，更有自制力

儿童应学会面对诱惑不为所动的忍耐力，也就是自制力。自制力是与人生各个侧面都息息相关的重要能力。如果不能自制，就会无法学习，也不能学会生活规则，更不能与其他人顺利往来。

如果人不能控制自己的身心，就会因为情绪失控而发火、躁动。幼儿任性妄为，如果不能如愿可能会引发癫痫，这是由于大脑前额叶尚未发育成熟。大脑前额叶发育需要很长时间，因此儿童习得自制力也需要时间。

自制力能抑制欲望，是一种高级行为。即使对成年人而言，控制自己也绝非易事。**家长应理解忍耐是一件难事，潜移默化地教育孩子逐渐获得自制能力。**

为了让儿童习得自制力，身边的成年人应当陪伴、帮助他们。**孩子发癫或大闹时，可以拥抱、安慰他们，帮助他们平复状态。**

当孩子成功控制自己时夸奖他们，可以让他们习得忍耐，也能培养自我肯定感。这样就能一步步培养起孩子的自制力。

自制力强的儿童更容易守序生活，不会在玩游戏或玩手机这些事上浪费时间，更倾向于花时间做正事。

事例　D（小学三年级）

D，小学三年级学生，每天回家后第一件事就是完成作业。这并非家长要求，而是他自发决定先写作业再去玩。

只要做完作业或其他正事，玩游戏就不会被骂；对待课业认真，所以成绩也很好。因为他能控制自己，所以即使玩很久游戏也不会上瘾。

小学三年级尚处于前额叶发育阶段，D在这一时期就已经有了很好的自制力。

明白写完作业之后会更轻松，就会自己制定计划并执行。这样一来，就算D想玩游戏也能忍住，可见他是自我肯定感很强的孩子。这样的孩子更有前途。**成功完成计划获得的赞美与成就感会驱使他们进一步制定、完成计划，**形成习惯。

萌生体贴与共情感的途径

被爱、被接受包容的感觉，会让人愿意相信他人。

体贴感要靠被他人体贴而形成。

共情感要靠被他人共情而形成。

只有自身得到满足，才能够去满足他人。只有自身的存在得到肯定，才会去信任、体贴他人。**这个认知顺序非常重要。**

人生最初被爱的体验应该是养育者给予的。养育者无条件地爱着孩子，而被爱的孩子就会相信他人、关心他人。**爱孩子，是养育孩子的起点。**

儿童即使曾遭受虐待，只要后续给予良好的环境，也仍然可以培养出体贴与共情心。自身曾经经历的痛苦会让他们更加体贴他人。

被动接受会降低自我肯定感

当儿童沉浸在自己喜欢的事物中游玩时，会放飞他们的好奇心与想象力。即使他们失败了，也能从中自由思考、发散思维。孩子在这种时候两眼都会闪闪发亮。这就是“**儿童作为儿童的时间**”，这对儿童而言非常必要。

但是如果家长总是使唤孩子玩这儿玩那儿，试图控制孩子，始终无视孩子自己的意志，就会导致他们的自我肯定感低下。

所谓玩耍是要自发地玩，如果被命令“玩”什么，就不能称之为玩耍了。把孩子带到游乐场命令他玩，如果孩子自己不想玩，那就不算在玩。自由玩耍、自由沉浸，才能满足心理需求。不仅是玩耍，只要**是儿童自发想做、发挥主观能动的事情，都能培育他们的自我肯定感。**

事例 E（小学六年级）

E，小学六年级学生，一切都听家长指挥，是个听话的好孩子。

E第一次自己提出要求是想要备考中考。双亲认可了他的提案，但从备考开始，就在控制他玩游戏、督促他去补习，细致入微地控制了他的一切生活习惯。

E想要玩游戏换个心情就会被家长责骂，他因此变得易怒、暴躁。家长认为他有游戏依赖症、多动障碍（注意力缺陷多动症），带他前来寻医问诊。

此时的E虽然备考这件提案本身得到了认可，但他的自主性没有得到尊重，反而被加倍束缚了，稍微反抗就会被双亲扣上有病的帽子，导致自我肯定感减弱。

检查结果表明，E并非游戏依赖症或多动症。我建议让E自己制定备考计划，但遗憾的是，看起来他的双亲并没有听进去。

要培养自我肯定感，必须尊重孩子的自主性。但是有些事情就算孩子不愿意也必须执行，所以诸如用餐、就寝时间等问题还是需要妥善管理，必要时家长应当介入。

除此之外，**应尽量尊重孩子的自主性**。可以由家长提出方案，孩子自主选择。如果孩子自己给出了其他方案，**应当予以认可**。应当与孩子交谈商讨，而非一味顽固否定。尊重儿童的自主性和自我意志是培养自我肯定感的必要条件。

自我肯定感弱的儿童会不愿积极主导事物。培养孩子**坚信“自己不管怎样都是有价值的，自己就是自己”这一观念非常重要。**

在欧美，儿童自幼便被教育要与他人不同、要有自己的观点。如果100个人中只有自己有不同观点，大胆说出来就会得到奖励。这是因为自主思考、敢于说出来，有利于自我肯定感的提升。能把自己的想法和心情说出来与他人交流，就会产生自信心，进而提升自我肯定感。

另外，倾听他人也非常重要。能够认真倾听他人的话语，就能获得信赖、建立良好的人际关系，有利于自我肯定感的提升。

第4章

自我肯定感高与低的儿童有何差别

从四类儿童审视自我肯定感

自我肯定感是一个稳定的概念，不会受短期事件影响发生变动。从这点出发，可以将儿童分为自我肯定感稳定或不稳定两大类，再从自我肯定感强弱程度出发，分为自我肯定感过强、恰好、过弱三类。

本章节将围绕自我肯定感分析四类孩子的特征。

自我肯定感稳定的儿童

理想的心理状态

- 会表达自我主张，但也会倾听他人意见，不强硬蛮横。
- 有自己的判断标准，不会因他人的批判而过度消沉。
- 不会突然大哭大怒，情绪稳定。
- 有自信，但不张扬。
- 平时沉稳，遇事也能发挥领导力。
- 随机应变，能冷静掌握状况。

自我肯定感**最好不高不低，保持稳定。**这样的人适合集体生活，幼少儿期一般都有安稳良好的养育环境。

从四类儿童审视自我肯定感

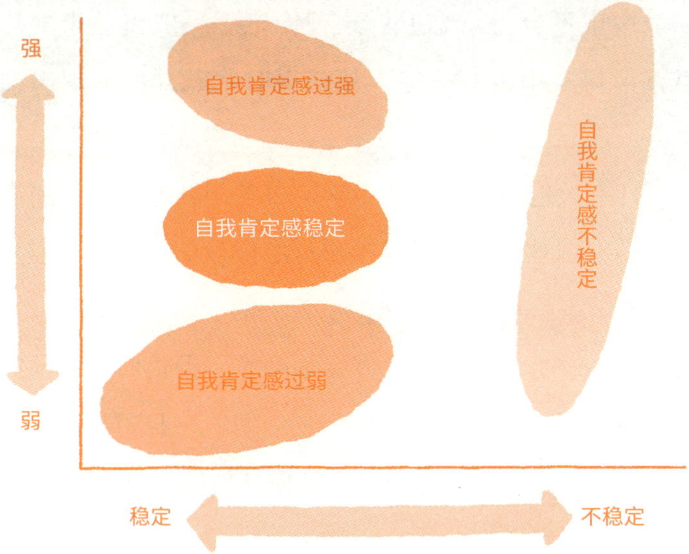

他们往往明白自己能力的界限，力所能及之事自己做，力有不逮则拜托他人，既有自知之明，也懂得尊重他人。他们不会嫉妒他人，也不会蔑视他人，懂得自我满足。

这样的人自我肯定感稳定，在逆境中不会过于消沉，在顺境中也不会得意忘形。这种稳定感一般得益于岁月的积累，但现实中也有一些人从孩提时代就开始显现出这种特质。

东日本大地震时，当地小学生自发担任避难所志愿者，他们鼓励家园被毁、委身避难所身心俱疲的成年人，成为当时的新闻。

这些小学生也受到天灾侵袭的磨难，但仍然想为他人尽一份力，自我肯定感极强。他们坚信逆境终将被战胜、今日所学必可活用于日后，这将进一步提升他们的自我肯定感。

以下为一则事例。

事例 F（小学五年级）

F，小学五年级学生，女。

F喜欢关心他人，在班级里很有人望。东日本大地震时家中遇灾无法回家，一家人流离失所来到东京近郊避难。班主任和家人担心她在灾难中太过逞强，经由学校心理工作者介绍来我处就诊。

F虽然自己也是受害者，但仍然全力帮助因灾难转学的同伴、家人，适应全新的校园生活。

根据F所述，她听别人让她不必如此努力实在是听腻了。因为她认为自己并没有在勉强自己，只是在做力所能及的事而已。

我询问F："你需要他人遵从你的意见吗？"她回答道："我会自己调节心态，所以现在没关系。如果有人听我的自然最好，但一直以来都是大人们让我听话、命令我做事。朋友的话，可以讲给他们听，但不能进一步要求更多。"

F坦然接受了自己遭受灾难的现实，没有被绝望击垮，也没有为了逃避现实而欺凌、责备他人。

并不是人人都有这种心态。我认为，这源自F的自我肯定感极为稳定，才让她跨越了逆境。

当然，面对震灾这种突如其来的事件，任何人都会顺应当时的情况行事。

而最适应当时情况的就是自我肯定感稳定的人。自我肯定感不稳定的人，在状态稳定时可以配合他人，但自我肯定感过强的人会执着于恢复原有生活秩序而给他人带来混乱，自我肯定感过弱的人会难以合群，精神状态陷入低迷。

自我肯定感不稳定的儿童
自我肯定感低下时容易出现问题

- 有时看似信心满满，但却会因为一点儿小事而自我否定、陷入失落。
- 心情时好时坏，情绪波动大。
- 对他人的意见和反应过度敏感，因此会喜怒无常。
- 会因心情不好而临时取消事先约好的事情。
- 没有明确的主见。

自我肯定感本应稳定，但**有些人会因为一些微小的成就而自信爆棚，又会同样因为一点儿小事而垂头丧气。**这类人的自我肯定感会受身边人的影响而大幅变动：遇到他人境遇不尽人意时会感到自身状况也不尽如人意，因而陷入消沉，但受到他人鼓励后又会立刻振作。这类人往往不能明确认知自己，或有一定的思维发育障碍。下面是一位思维发育障碍儿童的事例。

事例 G（9岁）

G，9岁，男，在学校和家中不老实、多动，在母亲的陪同下前来就诊。

G在诊疗室也表现出了多动行为，例如就诊时突然要外出买饮料，到了店里发现忘了带钱包就急忙赶回诊室，这才想起自己还在就诊；在诊室里也经常粗暴地摇晃桌子。

被人提醒后，G就会消沉地道歉，并表示自己又搞砸了事情，看似有所反省，但几分钟后就会抛之脑后，又开始想一出是一出地捣乱。

同时，在这次双人诊疗中可以看出，他对自己将家人和朋友搞得团团转一事浑然不觉。

在诊疗中被提醒后，他的自我肯定感会降低，但之后会自行恢复，所以可以看出他平时自我肯定感很强。

我认为G患有注意缺陷与多动障碍（ADHD，注意力涣散、多动症，属于一种思维发育障碍），并给予了药物治疗。

两周后，G的母亲单独前来复诊。据其母亲讲，药物治疗很有效，G在家里和学校都沉着冷静了下来，像变了个人似的。母亲和班主任都很惊讶，表扬了G，并期待他有更大的进步。

4周后，G与母亲一同前来复诊，他的状态安定。我让G的母亲暂时离开，与G单独交谈了一会儿。

G说："我觉得吃过药后自己变成了好孩子，妈妈和老师都希望我再加把劲儿，变得和大家一样。接下来我想做到不吃药也能当好孩子，但我没有信心。"

我认为思维发育障碍儿童往往不能客观认识自己，缺乏自我认知，自我肯定感也不稳定。

药物的介入使G的多动、冲动症状得到了明显改善，而过高的自我肯定感也随之降低，开始在乎他人的评价了。在这一阶段，G的自我肯定感已经和同龄人基本一致。

有很多案例中的孩子会像G一样，由于药物和他人干涉，自我肯定感发生了很大变化。G的案例是自我肯定感从不稳定变为稳定，但如果身边的大人给予儿童过度期待或者细致入微的纠正，就可能使儿童已养成的万能感转化为无能感，让自我肯定感从不稳定转为过低。

同时，自我肯定感不稳定也并不都是由思维发育障碍导致的。

在相对安逸环境成长的人容易受环境变化干扰及外部影响，他们会通过大笑、抱怨、发脾气等行为表达自己的情感或想法。

这类人的特点是从幼儿期开始就有很多玩具、早早开始学习，而现代儿童在此基础上还大量接触了手机、视频、游戏等事物，大脑接收了过量的信息。输入的信息量过多，超过了大脑的处理能力，就可能导致情绪不稳定、发呆等症状。我认为**控制这些儿童接收的信息量、避免输入信息过剩**，可以使他们的自我肯定感保持在相对稳定的水平。

自我肯定感过高的儿童

骄傲自大，肆意妄为

- 十分自信，强调自我主张。
- 不听他人意见，一意孤行，常被旁人评价任性。
- 不在意他人的批评与指责。
- 自大，认为世界绕着自己转。
- 挑战新事物可能成功，也可能因用力过猛而折戟。
- 身处逆境而不屈，这类人在枪打出头鸟的日本非常罕见。

自我肯定感过高的人骄傲自大，肆意妄为，不尊重他人。毫无依据地认为自己无所不能的人，也属于这类人。

日本以谦逊、内敛为美德，这类人并不多见。

因此也有观点认为，**并非日本人自我肯定感太低，而是他国人民的自我肯定感太高。**

自我肯定感过高的人通常以自我为中心，在社会生活中倾向于惹了麻烦也会将责任推卸干净。

有些无端抱有全能感、爱推卸责任的人身上并没有促进自我肯定感提升的要因，但他们的自我肯定感仍然很高。以下为一则。

事例 H（小学五年级）

H，男，小学五年级学生。

他的父亲为公司职员，母亲做兼职，家中连同姐姐共4人。H搬家转学后不久，他所在学校的心理健康师发来了诊疗委托。据了解，H经常和同学发生争端，完全不知反省、一味找借口，同学们甚至觉得他很可怕。

H认为，班里出了什么坏事都会来怀疑自己，老师也只会不明事理地包庇其他学生。在有辅助员（日本义务教育阶段配置在学校，用以监督辅助残障学生或问题学生顺利完成学业的专员）看管时，H还算老实，但只要没有辅助员盯着，他就会惹麻烦。

我就此向H的母亲问询了H的成长环境。根据H的母亲所述，H的父亲十分以自我为中心。

H的父亲对妻子并不体贴，把育儿的事情完全甩给妻子。H的母亲为了让H不像父亲一样，几乎放任H的任何行为。而在学校大闹特闹的H在母亲面前却十分温和老实，因此他的母亲完全相信他的说法，认为是H身边的人误会了他。

H的这种情况一般会导致自我肯定感低下，但H的言行却很明显表现出了很强的自我肯定感。H的诊疗问卷也证实了这一推测。

我认为一般的治疗手段可能无法解决H的行为问题，因此要求他的父亲也一同前来诊疗。

H的父母关系绝非融洽，甚至可以说有些冷淡，但为了H的将来，夫妻二人还是配合一起来了。

H的父亲一直都在责骂妻子，H看在眼里，就对母亲十分温柔，而母亲也就将H的一切行为都正当化了。

我向三人分别提示了基本原则：母亲必须清楚H正在惹事，父亲必须明白妻子的辛苦，H听了母亲的倾诉必须夸奖赞美母亲。

他们虽然不知这当中有何奥妙，但后来H的行为问题越来越少，也开始意识到自己也有做错的地方了。

像H这样的家庭绝非少数，而这种家庭中，有些孩子自我肯定感会过高，而有些则会过低，其中的缘由尚不明确。H的母亲对孩子的纵容并不是完全无条件的，而是包含了不要让孩子变得和丈夫一样的愿望，我认为这对H自我肯定感的养成带来了不良影响。

所幸H的问题得到了解决，但还有一些案例复杂难解，可能是由于儿童大脑掌管思考的区域出现了问题。

自我肯定感过低的儿童

深藏受害者意识

- 没有自信，口头禅是“反正行不通”“我就是不行”。
- 总是惧怕失败。
- 对前景没有明朗的预期，不敢挑战新鲜事物。
- 容易受挫。
- 不擅长接触新环境、结识陌生人。
- 可能为了获得认可而过度自我表现。
- 强烈渴望被认可。

自我肯定感低的人一般没有自信，缺乏自主性思考。**鼓**

励自我肯定感低的孩子“去努力实现梦想”会给他们带来负担。在他们的意识中，别说抱有梦想，光是努力活着就已经精疲力竭了。

即使学习成绩优异、家庭环境正常，很多儿童也缺乏自主思考。我认为这是当下日本年轻一代的倾向。就算是学业有成的大学生也往往认为自己已经足够努力了，将来想过轻松的生活，根本没有梦想。

日本绝大多数青春期及以上年龄的青少年都属于此类，可以想见很多成年人也是如此。人如果不能自我肯定，就容易自我怀疑、感到无趣、觉得生活中没好事，也容易艳羡乃至想要成为他人、认为自己时运不济。

日本人爱用“微妙”“或多或少”“可能不合适”等表意模糊的说法，而很少发表诸如“我是这样认为的”“我认为这很有趣”这种由第一人称发出的明确主张。

下面是一个此类儿童的事例。

事例 I（初中二年级）

I，初中二年级，女，自身没有意识到问题，而是由班主任通过临床心理咨询师介绍而来。I在人际关系中经常处于被害者地位，对他人戒备心强，需要检查是否有精神疾病。

班主任评价I很认真、坦率，体贴他人，深受同学喜爱。

在诊疗过程中，虽然I自称什么都做不好、一事无成，但没有观察到疲劳或抑郁的症状，与其说I有精神方面的疾病，不如说更像是自我肯定感过低。

根据临床心理咨询师的说法，I家里除父母外还有一个姐姐。父亲忙于工作，对家人很严厉；姐姐与I性格不合，两人几乎不聊天；母亲总是在细枝末节的地方管东管西，一直和I争吵不断。所以，I觉得家里没有她的容身之处。

另外，I放学后不爱回家，但这并不是因为在学校很开心。班里有女生在搞霸凌，每天都有人被欺负。I虽然想帮她们，但又担心自己被针对，所以就变得不敢相信朋友们了。I虽然认为消灭校园暴力再好不过，但转而又会悲观地认为女生就是这么可怕，这种事无法根绝。

I疲于在学校看他人眼色、受老师差使，不想去学校，但如果不去学校会难以升学，在家里也并不愉快，这些消极的想法一直困扰着她。

自我肯定感太低会导致人际关系难以建立，并且不利于对抗逆境。我很在意I能否建立自我肯定感，但鉴于她并没有精神疾病，所以还是建议她去找学校的保健老师或心理健康师咨询。

第5章

善于倾听的家长能提升儿童的自我肯定感

面对儿童，最重要的是“听他们说话”

本章将主要讨论以什么方式教育儿童有利于培养自我肯定感。

首先，最为重要的就是听孩子说话。**听，不是指发表肯定或否定意见，单纯的倾听才是最重要的。**家长认真听孩子讲话可以培养孩子的自我肯定感。

如果自己的话被认真倾听，儿童就能切实感受到自己被承认、被接纳。**对儿童而言，如果自己的话语被接受，那么他们就会认为自己的感受、心情也能被接受。**

面对吞吞吐吐、不爱讲话的孩子，如果家长可以耐心地等待他们发言，他们就会**明白自己的意见对双亲而言是有价值的**，就会萌生自信。

各位读者平时与孩子说话时，是否经常会用“去做这个”“都听我的”这种单方面的说教呢？如果是这样，那么不妨改掉命令和指示的口吻，并且好好倾听一下孩子的想法。

需要教育孩子时，也不应直接训斥，而是先了解孩子为什么要这样做、他们在犯错时是怎么想的。**不论多小的孩子，做某件事都是有理由的。**

下面介绍一个因孩子经常有干咳、眨眼等抽动症状而前来就诊的事例。

事例 J（小学四年级）

J，小学四年级，男。母亲在诊室催促孩子讲述情况未果，故由母亲代为陈述。

据母亲所述，J在社团及演讲等受人关注的场合会出现抽动症状，希望得到解决方法。

我请母亲离席，与J单独交谈。

J自己并不在意抽动症，但他认为家长只关心成绩，而且对他在学校的事情指手画脚很烦人。J不想向母亲透露单独交谈的内容，所以我只跟他的母亲嘱咐说抽动症是非常常见的症状，往往能自行缓解，同时传达了J希望母亲不插手，观望他自行克服抽动症的想法。

在J的案例中，虽然他想让双亲倾听自己的想法，但往往会在开口前先被质疑，多数情况下都是双亲指示他做事情。经过几次就诊咨询后，J的母亲开始懂得倾听J的话语，而J的抽动症也得到了改善。

儿童希望家长倾听自己说话。不管孩子多大，家长都应该有意识地倾听、理解孩子的话语。

如果对方一心二用，不愿意好好听自己说话，那么就算是成年人也会不愿意讲话；如果提了意见却被反过来教训一顿，谁都会觉得没法跟这人聊下去。孩子自然也是一样。

曾经有一位大学生在上小学的时候找班主任倾诉烦恼，刚开口对方就说，“明白了明白了”，没让他继续说下去，还说“小孩儿这么有精神，哪儿来的压力烦恼，别介意那些小事”，完全不听他讲话。这位大学生后来一段时间陷入了不相信他人的状态。

这位老师可能真的很忙，所以没有好好听他说话，只是单方面发表自己的感想。这位学生的感受被否定，尤其是被自己信赖的老师否定，想必大受打击。

孩子来倾诉烦恼时一定很悲伤、难过，请务必认真倾听。即使你想为孩子做些什么，这个时候也请按捺住，专心倾听即可。孩子的倾诉被认真倾听可以让他们感到自己被接纳。

倾听还可以让倾诉者变得积极乐观。倾诉时，想法会在头脑被整理成话语。思考、整理、倾诉，**这个过程可以让倾诉者自己找到解决方法。**

倾听者不必为解决问题而焦躁，专心倾听即可。儿童如果能**自己思考、自己解决问题**，就可以进一步提升自我肯定感。

曾有报道称东京大学学生的家长往往有倾听孩子话语的习惯。

近期有观点认为，如果想让孩子学习好，就不要命令、催促孩子学习、写作业。实际上，更重要的是，不仅不要命令、催促，还要反过来养成认真听孩子说话的习惯。

根据我的经验，**自我肯定感高的学生，不论是年幼时还是上高中以后，他们的家长往往都会倾听他们的话语。**

孩子的话语被倾听，就会让他们感觉自己被接纳，心态会更稳定，学习的欲望也就更强烈。主动学习可以养成自主学习的习惯，**最终会让他们的学习成绩更好**。

抓紧零散的时间和孩子交流，比如吃饭时、洗澡时、上学路上，即使**每天10分钟也好，把握和孩子面对面的时间**，就能改变孩子的未来。

如何“好好听孩子说话”

从日本的国情而言，不论大人小孩，每天都有忙不完的事情。家长就算想认真听孩子说话，也常常会无暇顾及。

如果家长有余力，这种时候还可以安排孩子晚些时候再聊；而如果家长自己已经身心俱疲，就可能因为嫌孩子吵闹而冲他们吼叫，无视孩子的话语。

若是家长一直如此，孩子就会渐渐地不愿意分享自己的感想。**家长平易近人**，更容易培养孩子的自我肯定感，也更容易建立与孩子的信任关系。下面是让自己成为平易近人的家长的3个小建议。

第一，**专心听孩子说话。**

孩子和家长说话时，如果家长一边忙其他事情一边听，就会给孩子留下敷衍、不愿再聊的印象。将心比心，即使是成年人也会有这样的想法。

手机是干扰倾听孩子说话的大敌。手机已经成为生活的一部分，很多家长会一边玩手机一边听孩子说话。

南加利福尼亚大学与常识媒体（即Common Sense Media）于2017年开展的调查（针对有手机的日本初高中学生及其家长各6000人）结果显示，**有二成的日本孩子表示有时感觉在家长眼里手机比自己更重要**。

美国也进行了同样的调查。美国的家长互联网依赖度更高，但有前述想法的孩子却只占6%，远低于日本。

常识媒体负责人、斯坦福大学准教授詹姆斯·施泰尔认为，日本孩子们苦于家长沉迷网络，想倾诉又不知从何说起，家庭应为此制定规则。

日本近期也有人提倡“不要用手机哄孩子”，但并未针对中学生使用手机的环境及亲子关系展开相关调查。我认为这个调查的结果不容忽视。

请各位家长和孩子聊天时就算再忙再累，**也要放下手机，停下手头的事，认真听孩子说话。**

第二，**适当保护孩子的隐私。**

应在令人安心的环境下，保持不会压迫孩子的距离感，一对一放松地交流。**应为孩子营造自己愿意接纳他们一切的氛围。**

家长不应对孩子所说的内容大惊小怪，而是要淡然处之，这样才能营造令孩子安心的交流环境。认真倾听、适当附和即可，**不要一惊一乍、大惊小怪。**

第三，**不要一直追问**。

一直追问会招人厌烦。如果孩子感觉自己被反复质问，就会丧失倾诉的心情。

从幼儿期开始认真与孩子交流，**营造出亲子交流愉快的亲子关系**，这样到了青春期，孩子也会更不容易与家长割裂。孩子难以与家长交流、与家长沟通无效的问题应当引起关注。如果孩子和家长建立起了沟通关系，**当孩子遇到真正的困难时才能向家长开诚布公地求助。**

倾听的要点

· 直视双眼，身体前倾，好好倾听。

· 适当附和，表示认同。

· 听到最后，不要插嘴，不要否定。

· 不要在中途提意见和解决方案。

· 重复孩子说的话。

· 如果不能及时倾听就要说明理由，好好道歉。

从培养自我肯定感的角度出发

儿童的自我肯定感会随人际关系变化。自我肯定感是关乎整个人生的心理基础，会受最亲近的人，也就是双亲的影响。所以，家庭教育非常重要。

儿童从1岁半开始可以理解领会成年人的话语。因此**自我肯定感应从婴儿时代开始培养**。

客观评价自身是自我肯定感的基础。简单地说，自我评价就是自我印象。

运动神经好、爱画画、爱读书、弱势等，都是对自身性格或行为的评价。自我印象并不都是正面的，当然也有负面评价。

自我印象由他人对自身的评价演化而来，会随自身的体验和成长而变化。儿童对自己的信赖感越坚定，他们的自我印象也会越好。**请和孩子一起寻找他们擅长的事情、对自己满意的方面。**

另外，**帮助孩子在他们感兴趣的领域取得成功，**可以为他们的自我肯定感打下坚实的基础。

但是，如果家长给孩子强加自己的价值观，让他们按家长的意愿而非自身意愿去发展，那么即使是予以鼓励，也并不能提升孩子的自我肯定感。另外，如果孩子和家长的期待相去甚远，或者家长的期待过于殷切沉重，这份难以回应的期待反而会让孩子对自己失望，自我肯定感也会随之降低。

儿童基本都会为了得到家长的认可而努力。但是儿童各有天赋、各有个性。用成年人的标准批判孩子，或同其他孩子作比较，会打击孩子的自信心。家长的细微行为就会大幅影响孩子的自我肯定感，所以不应指责孩子的弱点或不足之处，而应**多多发掘自家孩子的闪光点。**

比如运动会中，孩子参赛时加油助威固然重要，但比赛结束后夸奖孩子做得好、十分努力，像这样**针对孩子努力过的事情进行夸奖也同样重要**。这样可以培养孩子的自我肯定感。

在学校，老师和家长经常会以短期状态判断儿童的学习能力，批评或鼓励孩子："都上×年级了，连这都不会可不行，将来可怎么办！"

学习固然需要积累，一步落下便可能步步落下。**但学习这种事，就算落后一年、两年，只要重新学当初不懂的知识，终归是可以追上来的。**

相对地，如果儿时得到了自己不行、没有价值的负面自我评价，导致长大后对一切都缺乏信心，到时候想找回自信就相当困难了。更有甚者，儿时的经历会导致长大后易受挫折、自暴自弃。不要以1年为单位，而**要用更长远的眼光守望儿童的成长。**

事例 K（初中一年级）

K，初中一年级，家境富裕，学习成绩尚可。

K有时会头痛、腹痛，家长认为他是体弱多病的孩子。

K的自我肯定感低下，认为自己很没用、不能满足家长的期待，而当他这样想时身体就会开始不舒服。

K有一个姐姐，学习、运动都很擅长。双亲一直把K和姐姐比较，认为姐姐能做到而K不能，一定是K不够努力。

K喜欢用电脑绘画，但姐姐没有这个爱好，所以双亲就把他的绘画爱好当成单纯的玩乐，从未赞赏过他。

K的双亲希望K长大后继承家业。而K的姐姐不想继承家业，希望去大公司工作、往海外发展，双亲对此表示支持。诊疗中K表示，对于继承家业一事，父母完全没有征询过自己的意见，自己因此无法展望未来。

显然，K不擅长表露心声，也无法向双亲倾诉，一直受双亲摆布，自然无法培养自我肯定感。同时，在与姐姐的对比下，K认为自己毫无价值，而双亲又在单方面期盼他继承家业。

我想即使建议K和双亲好好交流，应该也很难快速奏效，所以我建议K向临床心理咨询师寻求帮助，在咨询中倾诉、逐渐整理自己的想法，必要的时候可以和双亲沟通。

家长应帮助孩子发掘诸如体育、画画、烹饪等感兴趣的领域，发现孩子的爱好、长处。以其中的收获为出发点，**发掘孩子独特的价值，积累自信心**，这对孩子的成长非常重要。在这一过程中，孩子可以确立自我肯定感、获得自主性。

我认为，**帮助孩子成长到可以独立思考自己未来的那一天，才是成年人的任务。**

儿童的心理问题与家长的自我肯定感相关

现在我在多家医院收治病患，见过阅读障碍、抑郁症、不安症、反应性依恋障碍、感觉统合失调等多种病患，他们往往都拒绝上学、居家不出，与社会脱节。

如果儿童拒绝上学、居家自闭，会给家庭带来重大负担。即使着力维护，**亲子关系仍会出现问题，家长也常会出现心理问题。**有时儿童患者的情况已经大为改善，但家长却还在接受长期治疗。

根据我的临床经验，家长自身的心理障碍往往与儿童的症状相关，有时家长的状态比儿童还令我担心。

如果家长有心理问题的话，亲子关系更容易扭曲。自我否定倾向强烈、抑郁的儿童，往往也有着同样倾向的家长。

家长的自我肯定感低，不光会否定自己，也难以肯定自己的孩子。自我肯定感低的家长会给孩子灌输负面信息，自然也会养出自我肯定感低的孩子。

事例 L（高中生）

L从小学五年级起开始迟到、逃学，他反应迟钝、表情阴暗，经常不能外出。学校的心理健康师将L转送至儿童精神科，被诊断为思维发育障碍，升入高中后转至我处就诊。

此时L已经不能摘下口罩，难以与人建立关系，认为他人很恶心。我认为L并没有思维发育障碍的症状，更像是依恋障碍。

我对L的母亲的情况有些在意，于是找机会约谈了L的母亲。L的母亲向我倾诉了自己中学时被叔叔性虐待的经历。因为这位叔叔对她的家庭进行了经济援助，她的父母竟对此视而不见，也没有人相信她的遭遇。而在后来的两段婚姻中她都遭受了家庭暴力。L的母亲也成为我的诊疗对象。

L的母亲自我肯定感极其低下，与她过去的经历息息相关。

我向L的母亲建议："你背负了严重的心灵创伤，挣扎着生活。害怕失败只是心灵创伤的后遗症，绝非你的过错。就算失败也完全没有关系。"

为L的母亲培养自我肯定感绝非易事，但我认为建立母亲的自我肯定感有助于支持L。

家长与儿童同步提升自我肯定感非常重要。

在培养亲子依恋关系的阶段，如果家长没有自信，对自己不满意，就很难完全接受孩子的一切。如果家长在育儿过程中从孩子身上发现了自己年幼时消极的一面，就很难帮助维持孩子的自我肯定感了。因此，与孩子一同培养自我肯定感对家长而言是必要的。

认可儿童自身，而非强加家长的期待

任何时代的家长都希望孩子向自己理想的方向发展，可以说是拳拳父母心。家长的这种心态可以理解，但孩子终究是独立的个体，**家长应适应孩子的个性和思考方式，全面接受自己的孩子。**

在日本，家长稍微放下架子听孩子的意见就可能被指责太过娇惯孩子。但是学龄前时代正是家长应当支持孩子的时期。家长不应被外界评价干扰，**坚定持续地向孩子传达自己会守护他们的这一信念。**

另外，儿童对成年人的行为举止很敏感。家长在外面和在家里对待孩子的态度不同，会让孩子产生混乱的感觉。

比如说，家长在老师面前承诺让孩子好好写作业，回家却对孩子说这种作业不写也罢，这种行为就不合适。这种阴奉阳违、两面三刀的行为都会被孩子看在眼里。**家长的态度应当始终如一、表里一致。**

理想的育儿状态应该是**深谋远虑、发挥远见卓识，用长期发展的眼光静静守望。**用自己的温柔体贴，认可孩子，向能发挥他们个性的方向轻推一把吧。

第6章

一些在棘手的日常场景中避免影响儿童大脑发育的处理方式

在日常相处中如何提高孩子的自我肯定感？请阅读以下具体建议。

教育篇

希望孩子万事独立

家长往往希望孩子可以独立完成一切任务并取得成果。这固然是父母的天性，但如果孩子不能如同期待般取得足够的成果，他们就容易对孩子发脾气。如果放任这种情绪，父母就可能会批评、催促孩子，对孩子的行为指手画脚。

如果家长这样批评孩子，就可能导致孩子丧失信心，自我肯定感降低。请记住这一原则。

如果孩子的自我肯定感降低，就会不爱努力，家长则会更加不耐烦、继续斥责孩子，请务必不要陷入这种恶性循环。**家长应降低期待，静下心来评估以孩子的能力究竟能做到什么程度。**

比如，如果你要带小学生出门，他们在不紧不慢地收拾东西，还和兄弟姐妹打闹，迟迟收拾不完。时间越来越紧迫，你是不是会想要训斥他们："赶紧收拾！""再磨蹭不带你们走了！"

但是其实他们还做不到依照时限调整行动。配合行为的时间管理能力在神经心理学里被称为执行功能。执行功能需要经过制定计划、判断计划能否如期执行、调整行为等一系列循环来逐渐进步、强化。这对小学生而言比较困难，掌握程度因人而异。

此时合适的做法是向他们给出收拾东西的建议，并给予适当的帮助和鼓励。像是鞋穿反了、衣服穿反了之类的小事可以暂时忽略，**掌握大局即可。**

孩子恶作剧

婴儿会动之后就会开始捣蛋，比如把能够到的一切东西都摆弄一通、塞进嘴里，之后还会乱拽纸抽、乱涂乱画等。

儿童的恶作剧对成年人来说是添麻烦，但对他们自己而言却是**自发的好奇心探索。**儿童从2~4岁开始才能记住批评，不再犯同样的错误。

在此之前不应训斥孩子的恶作剧，而是**为他们营造随便**

捣蛋都无所谓的环境。应当保证孩子手边没有危险物品和不想被乱搞的东西。

孩子稍微长大之后，教会他们善恶观念非常重要，但训斥方法不当会导致他们的自我肯定感降低。如果训斥他们“坏孩子才捣蛋”，就会给他们留下自己是坏孩子的自我印象。

如果要教训孩子，不应否定他们的人格，而应该提醒他们不要做某事。**尽量给予他们正确的提示，告知他们“应当做某事”，而非堆砌否定词。**“慢慢走”比“不许跑”的教育效果更好。

家长不应训斥孩子，给他们留下被训斥的印象，**而是要教他们，让他们有学到东西的积极感想。**批评时不应用疑问句、下次不许再犯这类等待孩子反省的方式，而是要直接、明确地批评，同时不要拖延，**犯错后立刻批评。**

恶作剧是孩子**按捺不住的自发行为，可以培养他们的好奇心和集中力。**好奇心旺盛的孩子非常积极，对感兴趣的事物极富热情。好奇心对成年人而言也非常重要。**创造性事业的起点往往就在这个爱恶作剧的年龄。**

孩子撒谎

在自我肯定感尚未形成的幼儿期，儿童撒谎的主要原因包括掩盖自己的失败、引起家长注意、有所幻想等。在这一时期，如果对孩子严厉训斥、反应过度，可能会让孩子变得畏缩，同时也会让家长失去教育孩子的重要时机。

幼儿撒谎无伤大雅。

幼儿会基于空想或愿望讲述不实的内容。这是成长过程中的常见现象，动机也并非蒙骗他人，所以大可无视。

另外也有儿童为了引起他人注意而撒谎，比如对家长说自己被老师夸了，对朋友说自己买了很多游戏等。家长应当注意孩子博取关注的愿望背后是否隐藏着其他动机。

这种情况下，首先应该认真倾听孩子的话。**从谎言背后挖掘出孩子心灵的求救信号，**防止孩子养成说谎的习惯。

家长太过严厉导致孩子有话不敢直说，为了避免被训斥责骂，孩子也可能选择说谎。因为孩子撒谎而苦恼的家长不妨回顾一下自己处理孩子撒谎的方式，也许会有所收获。

如果经常表扬孩子优秀的一面，孩子谋求认可的需求得到满足，自然也就不会撒谎了。与其训斥孩子撒谎，不如**明确告诉孩子撒谎并不能解决问题，让孩子明白撒谎会让家长**

伤心，可能更有效果。

“我没有信心，好害羞”

儿童在上小学左右的年龄会开始在意他人的眼光。在他人面前胡言乱语、闷头玩耍，从发展学的角度来说，这是尚未强烈意识到其他人的表现。幼儿期就开始在意他人、感到紧张的儿童，往往在至亲身边也会很紧张，他们被训斥责骂的紧张状态会暴露在外。如果发现孩子有这种倾向，请**尽量避免训斥他们。**

如果太在意他人的眼光，孩子可能会感到身体僵硬、动弹不得。这时**应当安慰他们不必勉强自己。轻拍孩子的后背，这种身体接触也能让孩子安心下来。**

如果孩子一直唯唯诺诺说不出话，时常会有家长难耐尴尬的沉默，想代为发言吧？家长的这种心情可以理解，但这样做会让孩子形成自己不说也有家长代劳的依赖心理。**应当给孩子提供练习发言的机会，而非由家长代劳，**即使孩子说得不够好也没关系。

缺乏自信心的儿童中也包括性格慎重的类型。儿童有自己的成长节奏，家长可以等到**孩子愿意自己开口的那一刻**。

焦急地催促孩子快说、质疑孩子为何不讲话，不仅会打乱孩子讲话的节奏，更会降低孩子的自我肯定感。有时候还应**特意让孩子避免抛头露面**。与其放任孩子失败导致孩子越发谨慎，不如休息一次，下次再尝试。

如果用其他孩子的成功经历作比较，就会更加降低孩子的自我肯定感。另外，家长的某些行为也可能导致孩子不敢讲话。

如果孩子曾经有不能发言的经历，留下了不好的回忆，当时的失败经历就容易让孩子畏缩，导致孩子容易害羞。如果孩子做到了，**应当明确地夸他做得好。**

培养孩子的自信心应当从小事开始。不积跬步无以至千里，从每件小事开始称赞孩子。应当在日常生活中用心为孩子营造**既有人陪伴又不会被过度关注**的交流环境。

兄弟姐妹吵架

多子家庭往往会遇到兄弟姐妹吵架的问题，孩子吵成一团也会给家长带来很大的压力。因此，家长往往不得不介入孩子吵架一事。

孩子在家长面前争论自己是对的、对方是错的，意在吸引家长介入仲裁是非。被家长认可的一方会抱有优越感，而另一方则会不服气、不以为然。如果总是其中一方被训斥，那么一直被训的孩子就会因心生不满而产生问题行为。

事例 M（小学三年级）

M，小学三年级，家长总是不分青红皂白地训斥他欺负弟弟。

M被认定为欺负弟弟的坏孩子，无法认可自己，开始在学校欺负其他学生，由此酿成了大问题。M的自我肯定感在家长的偏见作用下越发降低。

孩子吵架最好能**让他们自己解决**。如果孩子们能自行解决问题，就应该让他们自己解决。如果是靠自己解决问题，而不是靠家长介入，孩子会更容易接受结果。当问题解决后，自我肯定感就会提升。

孩子跑过来哭着说被欺负了的时候，家长先不要着急批评他们或者挑他们的错，而是应该先安慰孩子，问问孩子痛不痛、是不是很难过，**只要先顺着孩子的情绪安慰就好**。

但是，也必须要关注他们有无危险行为。如果其中一方很明显有过错或有下重手打人、扔东西等**危险行为，必须介入干预**。除此之外都可以暂且放置不管。

居中协调时，应当给孩子**提示若干个问题的解决方案**，让他们自行选择最好的方法。如果自家孩子之间难以解决问题，也可以让他们去和朋友们探讨。

日常生活篇

不想上学

首先明确一个令人遗憾的事实，**大多数日本孩子不想上学**。学校方面的问题与本书主题无关，此处不展开讨论。就算不想去，**绝大多数的孩子还是在正常上学，而即使他们暂时休学，也会很快回归校园**。

家长会担心孩子是否在学校遇到了什么麻烦，也会认为孩子是不是只是在犯懒。

应当首先**向孩子询问不愿意去上学的原因**。可以找个安静的地方听孩子完整讲完。此时就算家长很想插话，也**应当等孩子讲完**。等了解了孩子讲述的情况和理由后再发表意见也不迟。

孩子愿意向家长明说自然很好，但很多时候会有孩子不愿意向家长说的情况。如果孩子实在不想说，就不要强行追问。**让孩子自愿说出来是对孩子的尊重，可以提升他们的自我肯定感，**这也能改善亲子间的信任关系。

一般不去上学的情况会在1~2周内缓解。如果超出这一时限，可能是因为有伤害了孩子自尊或其他令孩子感觉难受的事情没有解决。

有些事情在旁人看来无关紧要，但对孩子本人而言却举足轻重。举个例子，如果没能跟朋友好好交流意见，担心自己可能被朋友误解了，孩子就可能会觉得事到如今已经无法再跟朋友说话了，所以不想去上学。这种时候就算家长想和孩子谈心，恐怕也无从谈起。

如果感觉孩子有这方面困扰，就**应当向校园心理健康师求助**，而非闷在家里自行解决。

孩子可能受到霸凌时

校园霸凌与自我肯定感之间有很强的联系。被霸凌的孩子往往会失去自信心，陷入自我否定，同时对自身喜爱程度的自我肯定感也会降低。

如果感觉孩子状态很奇怪，有被霸凌的迹象，首先应当**仔细观察**孩子的状态，**关注他们去上学和回家时的神态、日常行为、食欲等情况。**

如果孩子可能遭受霸凌，家长因为担心而追问的心情可以理解，但这种情况下孩子通常不愿意和家长倾诉。

被霸凌的孩子一般会独自烦恼，而非向家长倾诉，这可能是由于他们认为自己被欺负一事很羞耻。这种时候刨根问底地询问无异于往伤口上撒盐。因此家长不应追问，而是**先不予干涉**，让孩子知道想说就说，不想说也不必勉强的态度即可。不要强迫孩子，而是让他们自行选择，这是对孩子的尊重。

当了解缘由后，家长要和孩子站在同一战线上应对问题。成年人见过更多世面，应当告诉孩子不想忍可以转学，除此之外**还有许多方法可以解决问题**。此时家长应当站在**坚决保护孩子的立场**上。坚定的家长可以让孩子更放心，有利于自我肯定感的恢复。

孩子被霸凌后，如果去找霸凌者的家长理论，有些会转嫁责任，基本不可能有配合解决问题的态度。因为一般而言，霸凌者的家长都难以信任他人。

此时没有必要强行向对方家长讨个说法，而**应当与学校沟通。**

为了解决学校介入也难以解决的问题，文部科学省已经制定了**在学校配置校园律师的制度。**

孩子可能在霸凌他人时

霸凌他人也是自我肯定感低的体现。霸凌他人的孩子通常都生活在有问题的家庭环境里。

其中多数人在幼少年期没有成功形成亲子依恋关系。不论家庭环境何等富足、学习成绩何等优秀，如果没有养成依恋关系，孩子就会难以感受自己的存在意义、生存价值，自我肯定感就会低下。因此，他们难以信任他人，变得逆反、富有攻击性，进而欺凌他人。

自我肯定感低的人会对人的地位高低很敏感。当他们面对比自己地位低的人时，就会认为对方是自己发泄自卑感的绝佳攻击对象。因为弱者被攻击也极少反击，这些人更倾向于找弱者的麻烦。

霸凌问题固然与攻击性相关，但根源仍然是自我肯定感的低下。

如果自家孩子是霸凌者，不妨将这件事作为家庭问题进行讨论。

讨论时不应训斥孩子，而要好好听孩子讲话，建立信任关系。在此基础上，要向孩子传达家长的意见。**不论有什么理由，都不应当欺负他人、伤害他人，而纠正这一点是成年人的责任。**

现在的孩子常在社交媒体上发生争端，因此霸凌行为也越发隐秘。网络暴力难以在家庭内部解决，应尽早向学校等机构求助。

学习时想要放弃

孩子要学东西时兴致满满，但学着学着就要放弃，家长常为此困惑不已。

如果这时候怒气冲冲地训斥孩子“你自己吵着要学，现在又嚷嚷不想学，真没出息”或“这都坚持不了，将来肯定一事无成”，必然会使孩子的自我肯定感降低。优先考虑家长的心情，单方面否定孩子的主张，并非明智之举。

同样，强制命令孩子不许停或者坚持到演出等期限为止，也并不合适，这会降低孩子的自我肯定感。

孩子提出放弃可能是鼓起了相当大的勇气。**如果孩子已经说出放弃，必然有他们的理由。**

家长应向孩子询问原因。此时最重要的是**挖掘并贴近孩子心里隐藏的想法和心情。**

为什么不想学了呢？原来如此，确实会这样。之前很努力，现在是怎么回事儿呢？

像这样一问一答地进行交流吧。孩子在整理语言时可能会发现其心底潜藏的真实想法。

比如说，游泳太累了，足球怎么练也练不好所以没干劲儿，放弃通常都会像这样有着背景原因。当然，也可能是和老师或同学合不来。

此时要倾听孩子的诉说，当他们把自己的想法整理为话语时，也许就能自行找到解决方法，比如自己提议再坚持一下。

同样，回溯开始学习的契机，也可能挖掘出放弃的理由。是不是因为其他孩子都在学英语，所以才送孩子去学英语的呢？**如果送孩子去学东西是家长单方面的想法，那么应当及时改正。**

只有学得开心，才能学有所成。不必纠结于深入学一件事，而是**多多尝试**，去找自己想要的。

孩子提出放弃**是孩子思考的机会，也是亲子对话探讨的机会。**

每天早上磨磨蹭蹭

孩子早上赖床，不好好吃早饭，光顾着看电视不准备出门，经常会遭到家长催促的怒吼，这想必是很多家庭早上司空见惯的光景。

孩子早上起不来是不是睡眠不足？应当试着调整夜间作息，**尽量保证孩子的睡眠时间**。

早上的日程一般是由成年人制定的，需要注意的是，**儿童通常都会早上没精神。青春期前后的青少年一般都是偏夜间活动的，**所以下午开始上课的高中更受孩子青睐。

所以，就算家长不耐烦地百般催促“快点儿”，这种状况也难以改变。

如果孩子每天早上都被催来催去，自我肯定感是不会提升的。如果早上被仓促赶出家门，孩子可能会把慌乱的情绪带到学校，因此无法集中精力学习。

如果催促成了家长的口头禅，家长的话就可能被孩子当成耳旁风。另外，也有些孩子会感觉自己一直被催还做不好，变得恼火最终丧失信心。

为了改变这种状况，**请各位家长别再把“快点儿”挂在嘴边，这样并没有实际效果。**

另外，也可以换个说法。不说“快点儿”，而是**用具体的指示鼓励孩子**：“提前10分钟就能第一个到”“表针指到这里之前完事，做得到吗”“快点收拾就可以慢慢走”。这样一来，孩子的反馈就可能大不相同。

除了这些措施，**家长自己也要保持心态平和**。不妨把孩子早上赶时间视作他们**每天在练习自己不擅长的事情**。

作业没写完，睡前时间不够还要打游戏

这说明夜间时间管理存在问题。应当确定事情的轻重缓急，合理分配时间，如果孩子不能正确执行，应进行指导纠正。成年人可以集中精力做眼下的事，但儿童并不能。这与之前提到的大脑执行功能有关。

作为家长，对于孩子从学校回家后稍微看一会儿漫画、玩一会儿游戏换换心情尚且可以接受，但到晚上还没写完作业，就会变得气不打一处来，板起脸来质问孩子作业写完没有，催促孩子赶快写，直到后来怒骂孩子，这种情况很常见。

就算催孩子赶快写作业，孩子一般也不会老实答应，立刻服从，反而可能心生叛逆，嫌家长啰唆。这时孩子的心情会非常差，越是催他就越是不写作业，自我肯定感也会急转直下。

请理解孩子不想写作业的心情。有些作业连家长也能看出量太大或者有些内容可做可不做。所以应当督促孩子不要一点儿都不写，**至少要把自己能写完的部分、认为重要的部分完成。**

首先应当建议孩子制定时间计划，**和孩子商量娱乐、学习、洗澡、睡觉时间的分配。**如果孩子不能如期执行计划，不应训斥孩子，而是要让他们进行调整。比如有时他们会提议早上早起写作业，**这种时候可以让孩子自行制定计划执行，让他们自己认识到这么做是行不通的。**

乱扔东西不知道收拾

家长经常会因孩子不知道收拾东西而困扰：书包扔在门口、洗完澡后毛巾乱扔、玩完游戏机不收拾、零食袋扔在地上不丢进垃圾桶……

每天训斥孩子不收拾东西、邋里邋遢，其实很令人疲惫。孩子天天挨骂，心情也好不到哪里去。

如果耳提面命没有效果，应当试着改变教育方法和话语，这也有利于培养孩子的自我肯定感。

比如，可以试着不去训斥孩子“赶紧收拾”，而是具体指示“把书包放在架子上”“把毛巾放到篓里”，或者提示时间限制，“快开饭了，把桌面收拾好”。不应放任脾气训斥孩子充耳不闻，而要向他们**冷静地传达事实**。

要养成随手收拾东西的好习惯，需要让孩子建立自己的事情自己做的基本观念。**该让孩子做的事就完全交给他们去做，并且应反复向他们灌输做这些事理所当然的观念。**

家长如果嘴上抱怨，到最后还是自己动手去收拾了，就难以让孩子树立何为自己分内之事的概念。如果孩子把家长的话当耳旁风，最后家长自己去收拾了，那么他们就更不会自己收拾东西了。**督促、引导孩子自觉，**需要家长有一定的决心和毅力，也会花费很长时间，但从**长远来说，这对孩子的成长更有利**。

不管多小的事，只要孩子收拾好了，就要及时夸奖孩子，给他们积累成功的喜悦，这样可以同时培养他们随手收拾的习惯以及自我肯定感。

话虽如此，但我其实也不爱收拾东西，屋里乱得一团糟，实在不好给别人提建议……

诸如“别啰唆”“臭老太太”之类的出口成“脏”

很多大人很怕孩子说脏话。

据说幼儿园的孩子常会说别人烦人、恶心。这只是孩子之间的交流，可能没必要特别引起注意，但很多成年人就会很在意。叛逆期的孩子讲脏话也只是这种状态的延续。

语言功能比社会功能及交流功能发育更早，是儿童精神发育的特征之一。**所以从发育顺序的角度出发，中小学生容易有说大话、说到做不到的倾向。**

所以这种时候，如果和孩子置气，质疑他们、训斥他们不许这样讲话，就只是中了孩子的计而已。**和叛逆期的孩子**

交流时，应当超越他们的话语本身，看透话语背后隐藏的信息。

日本孩子的自我肯定感在10岁左右急转直下。这源于他们不能认可自己的价值，不能珍惜自己。在这一时期，如果家长用居高临下的态度对待他们，就会让他们更为贬低自我价值。而当他们被命令或支配时，就会唤起进一步的反抗。

不应将叛逆期的孩子视为孩子，而要将他们作为独立的人来看待。家长**不应单方面命令他们，而是要把他们当成独立的人来尊重，**这样可以让他们逆反的态度有所改变。这一时期有必要改变与孩子的往来方式和说话方式。家长有所改变，孩子就也会有所改变，自我肯定感也会随之上升。

家长也是人，被骂也会生气，所以这种情况下应当和孩子以平等的态度沟通，表达自己的不满。

应当告诉孩子自己被别人这样说并不开心、很难过、很生气。和训斥孩子不同，**向孩子传达自己的心情并不是件坏事。**

不听话

孩子基于自己灵光一闪、自己独立思考、自己尝试成功等内在动机进行的行为可以提高自我肯定感。

家长有些时候有必要给孩子一些提示，但还是尽量让孩子自己选择，让他们自己决定，引导他们积累进行决策的经验。

做自己想做的事，过程中遇到困难也能克服并最终成功，这样就能萌生对自我的认可。一味遵照家长的指示行事，就算能成功，孩子也无法形成自我肯定感。

孩子步步遵从指示做事，也许确实可以成长为如家长所愿的样子，但这样无法培养孩子的自我肯定感，他们在青春期之后就会陷入没有自己想做的事情的被动局面。

家长都希望自己的孩子不必品尝辛劳与失败的苦涩，向着幸福的大道直线冲刺。所以“阅历丰富”的成年人会试图用自己的知识和经历教育孩子，让他们不要走弯路。但家长自己其实也是重复着失败与错误并从中吸取教训，一步步成长起来的。**失败与错误是成长的必经之路。**

在物质条件优越、生活环境安全的日本，儿童的自我肯定感仍然低下，我推测这是因为孩子缺少自主思考、采取行动的主观能动经历。

要培养自我肯定感，靠的不是手把手的指示和言听计从，而是**引导孩子自发地思考与行动，尊重孩子的意愿。**

在公共场所吵闹

常有新闻报道居民因担心儿童吵闹而反对在家附近兴建托儿所或儿童相关设施。日本不知道从何时起变成了这种对儿童不友好的国家，实在令人唏嘘。抚养儿童不只是家长的责任，也是全社会的责任，社会应温柔地守护儿童。

带孩子外出时，如果孩子哭闹，就会被嫌吵闹、遭到周围的白眼和指责，家长常有这种不愉快的经历。甚至有些母亲会因为惧怕冰冷的指责而不愿外出。

在这种环境下，家长无法保持自我肯定感。不如换个视角，**冷眼指责孩子哭泣的人想必都是自我肯定感低的人，不妨想办法赶快脱身。**

不应当因为有别人在看着就去叮嘱孩子，而是要**为了孩子长大成人后的生活，教会孩子在公共场所应有的礼仪。**

比如在商场里孩子乱跑时，可以告诉他们："这里是大家安静购物的地方，因为人很多，乱跑会撞到别人。想想看怎么做才能给大家一个良好的购物环境吧。"

应当用**语言、视线、表情**等多种方式教育孩子，给他们留下深刻的印象。

如果一件事合乎道理，孩子就会认可。即使如此，孩子也常会忘了家长教过的事情，又开始大声喧嚷。这时应当**注视他们的眼睛，简单地斥责**他们。对于绝对不能犯的错，如果再犯就要按事先约定好的措施进行惩罚。有些事反复教育还是没什么效果，**即使如此也要沉下心来继续叮嘱。**

但如果禁令太多，孩子就会一直挨骂，所以**应选出最重要的3条禁令**贯彻落实。即使这样很耗时间，**也能让孩子渐渐养成习惯。**

大声怒斥和啰里啰唆骂个没完，都是会降低自我肯定感的训斥方式。孩子也有自尊心，所以在众人面前训斥孩子必然会令他们难受。

另外，“会惹别人生气”这种理由并不能让孩子理解设置禁令的原因，所以并不恰当。训斥孩子不是迫于旁人的压力，而是**为了孩子的将来**。在这种情况下应当教育孩子：“如果不懂得在公共场所的礼仪，你会遇到麻烦。”

赴约爱迟到

有一位母亲咨询：“我家小学六年级的女儿出门赴约总是磨磨蹭蹭，总迟到，我们因此吵过很多次。怎样才能让她懂得准时？”她担心女儿因为和朋友出门时经常迟到而失去朋友。

我可以理解家长担心孩子的心情，但迟到是孩子自己的事。确切地说，如果由此失去了朋友，这种**痛苦经历能让孩子注意到这个问题。**

我告诉这位母亲，这件事不是家长的责任，并建议她向女儿讲述自己为什么会为女儿担心。

女儿听了之后觉得母亲只是在抱怨，似乎没有接受母亲的心意，但**她还是明白了母亲的想法，迟到的情况也比以前少了。**以此为契机，**母女交流的机会也增加了**。

家长跟在身后催着出门和自己计算时间计划出门，带来的自我肯定感是完全不同的。

孩子一直说个不停

有家长向我咨询，孩子从早到晚一直说个不停，总是要自己听他们说话，让人非常疲劳。

根据这位母亲讲述，就算自己最开始打算好好听孩子说话，后来也会逐渐烦躁，最后总是会板起脸来，无视孩子的呼唤，开始命令孩子闭嘴。

孩子都希望母亲关注自己，但一直如此，家长也会很累。面对这样的孩子，可以适当听他们讲一些话，然后告诉他们，可以攒一拨一起说，先讲重要的，**建议他们先组织好语言再说话。**

另外，一直听孩子讲话也不是个事，这时可以对孩子说自己听他们说话很开心，但还有工作或者家务要做，让孩子自己去看一会儿书，或者说自己在做饭很忙稍后再聊，总之像这样用家务或工作的理由来结束话题不失为一个好办法。**要给孩子一种家长想聊但没法聊的感觉。**

爱扯东扯西的孩子长大后也会愿意与家长分享话题。**孩子的开朗值得珍惜。**

前面提到的前来咨询的母亲还怀疑孩子是否有思维发育障碍。

一般认为，比起思维发育障碍，话多的孩子更可能是渴望得到家长的关注。首先应向托儿所、幼儿园、学校了解孩子与家长之外的朋友往来时是否也有这种倾向。

患有多动障碍（注意力缺陷、多动症）的孩子对任何人都会表现出这种倾向，同时，患儿不光话多，动作也很多。

而自闭症患儿则是需要把自己所想的事情一一确认，或者自顾自地认为自己的话语对任何人都很重要，但无法与对方交流互动，比如滔滔不绝地讲“几点几分在公交车站几米处将要……”这种对别人毫无意义的话。

如果孩子表现出这类倾向，请带孩子前往医院儿童心理科专家处就诊。

嘴硬且爱讲歪理

思维敏捷、口齿伶俐的孩子看似八面玲珑，其实在人际关系中常会遇到问题。如果他们火力全开，会让朋友感觉很难相处、难以交流沟通。

自以为驳倒了家长是一种过度自信，这类孩子应该属于自我肯定感过高。

儿童的语言功能比社会功能及交流功能发育更早，不论他们如何高谈阔论，也不过是缺乏社会经验的孩子的话语，不外乎是一纸空谈。**为了孩子的未来，应当教育他们这些想法并不适用于社会。就算逞了一时的口舌之快，也不能证明自己比家长更了不起，仍要尊敬长辈。**

如果批评这类孩子一派胡言、得意忘形、忘恩负义，只会激起他们的反驳。**不要执着于成年人好胜的面子**，顺其自然听他们讲就好了。

如果他们所说的内容里有些部分实在让人难以接受，应当告诉他们家长关于这点的看法。如果孩子反驳，就要告诉他们，你可以这样认为，但这是我的意见。**家长应当发表自己的见解。**

另外，举特例也很有效，针对他们的阔论，可以提出很多特例，比如残障人士、母亲生病等，让他们思考自己的观点对这些特例是否也适用。这种时候一般孩子会回避讨论，但他们也**会注意到应当多角度思考问题**。

口齿伶俐意味着有自己的观点，能够主张自己的观点是好事，所以应在认可这一优势的基础上，**教育孩子懂得倾听、与他人交流讨论的重要性。**

一直吹嘘自己

成年人都懂得一味吹嘘自己会被别人嫌弃，所以当孩子骄傲自大时，难免有些担心。

其实**幼儿从年龄来说正处于自大的时期**。会写字、不用辅助轮就能骑自行车，都是他们成功的事例、擅长的事情，可以成为博取他人认可的谈资。这一年龄段是养成自我肯定感的时期，所以对于这种吹嘘**只管放任就好**。

日本儿童自我肯定感低下的原因之一可能就是幼儿期不

能尽情自吹自擂，缺乏成就感。没有养成自我肯定感便步入青春期，自我肯定感就会进一步降低。上小学以前的阶段是培养自我肯定感的重要时期，**请让孩子自信满满**。

话虽如此，诸如自己去过很多次迪士尼乐园、得到了很贵重的东西这类吹嘘，是可能招致他人反感的。

如果认为孩子吹嘘过度，可以用前面提到的举特例的方法来应对，比如“家长很忙的孩子，或者没有家的孩子，听你这样讲会怎么想？”“治病花了很多钱买不起这件东西的人会怎么想？”**用其他人的感想引发反思，比告诉孩子骄傲招人讨厌更有效。**

小学阶段也可能借由实际经历让孩子明白骄傲令人反感。**很多事只有失败过才会明白。**

在托儿所弄哭朋友、捣乱，是因为“在家里和学校太过压抑”

有从业人员提到，某些孩子在家或学校完全正常，甚至可以说是好孩子，但放学后在托管机构就会大闹、捣蛋起来。近年来这类情况越发多见。

孩子会观察家长及他人的反应。了解他人喜好的孩子当中，自然也会有看家长脸色装成好孩子的人。他们在家很乖是因为不想被家长讨厌。

学校规矩严格，还有老师在关注，做个好孩子显然更有好处，他们也懂得这个道理。

但在没有上述约束的托管机构，这些孩子就会释放积攒的压力。

孩子如果不能自由表达自己的情感，不管环境本身有多好，都会感到憋屈。他们也许看起来很幸福，但自我肯定感其实并不高。

这些孩子被压抑的情感会从青春期开始表现为一些问题行为，例如对双亲及学校的反抗，或因没有容身之所而自闭。**在小学时期就暴露出自己太过压抑，换个角度看，甚至是好事一桩。**

如果孩子在家和在外是两副面孔，家长应当找机会与其谈一谈。这是反思孩子在家装好孩子是不是因为家长的好机会。

家长应在时间宽裕时营造轻松的氛围听孩子讲述缘由。为了让孩子坦率地自白，请不要否定他们，只管听和接受就好。

学习篇

升学考试会提升还是降低自我肯定感

升学考试的规则会给予儿童“被选拔”的被动体验，所以升学考试本身应该是自我肯定感下降的原因之一。那么，能否在保护自我肯定感不受损害的前提下参加升学考试呢？

对自我肯定感高的儿童而言，只要没有被强迫，他们本身便拥有挑战升学考试的力量。就算家长或他人觉得没有希望，他们也认为自己能行，敢于挑战。他们积累了诸多成功的经历，抱有自信心，但反之也可以说缺乏失败的经历。当他们受挫时，家长可以与他们一起探索解决方法，把失败转化为成功，因此这类孩子可以在挑战升学考试之余提升自我肯定感。

对于幼少年期缺乏成功体验的孩子而言，他们的自我肯定感低，学习也往往是被动的、被要求的。他们认为自己不行，如果升学考试失败，自我肯定感会随之降低。

面对这类孩子，可以先不瞄准升学考试这种大目标，而是从赞美、夸奖这些方面入手，**以认可孩子作为起点**。

不必急于求成。在每一次失败后，家长不要感觉不满，请分析失败的原因，让孩子思考下次该怎么办，学会在失败中前行。失败不是又一次的失败，而是下一次进步的契机。在取得微小的成功之后，由亲子一同分享喜悦。这样**一个又一个微小成功的积累**，将培育孩子的自我肯定感。

自我肯定感低的孩子，升学考试要用加法。

对他们而言，不应该去寻找缺点然后加以纠正，而是从零开始叠加微小的成功经验，最重要的是树立信心。

如果孩子因分数不理想而感到遗憾，**请陪孩子一起遗憾**。与孩子的共情可以唤起他们下次继续加油的意愿。家长应和孩子站在一起加油，保护孩子的自我肯定感，一起面对挑战。

日本孩子的自我肯定感有在10岁左右急转直下的倾向。这一阶段家长与孩子都会在中考上花很多心思，对孩子而言，这也是体验挫折后**理解并接受现实的年龄。不必过度激励孩子，陪伴他们**一起克服困难吧。

孩子不爱学习时

对不爱学习的孩子而言，以让他们去学习为目标进行教导是没有意义的。各位家长是不是不懂得正确的应对方法，训斥过孩子让他们去学习？这样一来，他们非但不会去学习，反而会变得讨厌家长。

话虽如此，放任孩子就会导致他们完全不学习，只会让家长更头痛。这种情况下，家长应当尽量不要在意孩子的事情，**让自己过有成就感的生活，每天开心快乐，**借此试着培养家长的自我肯定感。

这样家长就能开始关注孩子好的一面。**从前以为孩子完全不学习，现在发现他们其实竟然还是有在学的。**这时就应当赞美孩子原来这么能干，想做还是做得到的。

孩子最开始可能会以为家长哪根筋搭错了，**但并不会反感。**如此往复，家长自己过好有目标的、自我肯定感高的生活，就结果而言，相信孩子也会耳濡目染保有自我肯定感，同时变得爱学习。

这种方法并不简单，见效也很慢。但是如果家长和孩子的自我肯定感都很低，就只能看到彼此的缺点，找不到解决方法。比起直接与孩子交流，用自身的行动示范虽然有些绕路，但还是有尝试的价值。

学习中途松懈

学习成绩一般的孩子**不擅长制定长期计划**，也不善于调整、树立新目标。家长可以参考孩子的基础，**为其制定合理的短期目标。**

孩子的状态看似松懈，其实可能是因为他们没有下一步的目标。如果孩子迷失了方向，家长可以和他们沟通树立目标。

可以制定小的学习目标，达成后制定下一个小目标，通过这种方式积累连续的小成功体验。

另外，松懈也可能是因为孩子身心疲劳。解除疲劳的方法不应该由家长自行制定，而应征询孩子的意见。**倾诉本身就是一种转换心情的手段**，而他们的意见也可以**提供消解疲劳的具体提示。**

无心提高分数

没有孩子不在乎他人的看法，不论是谁都想得到正面评价。

对于这种情况，家长自己是否认为孩子没有上进心？孩子可能是因为就算学习也得不到正面评价，尤其是家长的认可，所以才会自暴自弃。

如果孩子分数低，请向孩子询问低分的理由。

“都会做，就是时间不够”“读不懂阅读题”“小题好做，大题不会”“考试时候走神了”……想必理由多种多样。

请表扬孩子做得好的部分，为其设立一个较低的目标，不要急于求成，不要为平均分和日常小测一惊一乍。如果只盯着平均分或者目标分数，学习不好的孩子就会直接被认定为没戏，一开始就会放弃。

偏科

可以让孩子精进其擅长的科目，不擅长的科目保证最低限度的学习即可。

不妨考虑一下孩子的未来。学校的成绩在成年人的世界里几乎是没用的。会基础算术，能看懂材料，能沟通交流，这就足够了。

工作赚钱涉及竞争，并不简单。**所以发展专长领域，把工作与爱好结合起来并加以延伸，不失为一条妙计。**

没有必要为了补足不擅长的领域而削减分配给专长领域的时间。从现实角度来说，孩子确实不能对某个领域一窍不通，所以只要保证拥有最低程度的知识即可。当精进擅长的领域需要用到其他不擅长的领域的知识时，孩子就可能有自发学习的动力。

不甚努力分数也尚可，担心上中学后成绩不够看

首先应当认可孩子现有的成绩。不学习也能考个说得过去的分数，说明他们**善于利用时间**。

这类孩子会自行安排分配学习的时间。他们可能已经事先学过了，或者已经在学校把作业写完了。

“现在的成绩说得过去”，这当中其实可能隐含着家长的看法：“为未来考虑的话，学习时间还是太短了。”请首先**确认孩子每天如何支配他们的时间**，例如补习、社团、交友等。

一味批评孩子不学习，只会招致孩子的逆反。家长应当试着针对孩子的时间分配与学习方法提出具体建议。

家长对孩子前途的担忧，在孩子眼里只不过是多管闲事罢了。**孩子的人生掌握在孩子自己手里，请试着接受这一事实吧。**

但如果孩子发出了求助信号，请及时给予他们支持和建议，**让孩子感受到自己在被家长时刻保护着。**

“反正我也做不好”的自暴自弃

孩子都在观察成年人的状态。

如果家长觉得自己做不好事情，孩子也会觉得自己做不好。家长改变自己谈何容易，但如果不能改变自己，想改变孩子也就无从谈起了。

请试着和孩子一起调整思维，相信自己说不定能做到，就算可能失败也应敢于尝试。

如果孩子想要放弃，请和孩子一起思考接下来可以做什么。不要自我否定、怀疑自己的育儿方式有问题，而是要放眼未来，**以双方都能接受的步调，一起改变思维方式。**

过度关注朋友的成绩

家长自己是否太过在意他人的看法?

这种状态会被孩子看在眼里。家长的心态可能会让孩子丧失信心，或变得嫉妒心强，或变得轻视他人。

与他人之间的对比在所难免，但如果**自己不为所动**，就能化为自我肯定感。

别人是别人，自己是自己，请家长从自身开始树立这个观念。

将自己与他人对比也是一种能力。可以选定对方身上的一部分，而非对方整体作为目标，不要过度执着于对比以及他人的评价。

好恶分明，不听讨厌的老师讲课

请向孩子询问喜欢的老师和不喜欢的老师各自的特征，一定会有**令人恍然大悟的部分**。

如果孩子不喜欢一个老师，确实很难听进去他的授课。这种情况下可以考虑去补习班或通过请家教、自习等**其他方式来掌握这一学科**，而非执着于那位老师。

如果是讨厌某一学科，请参考前面的方法，确立最低限度的目标，用自身擅长的科目掩盖不足。虽然未来的工作生活中可能需要用到这些知识，但到时候再学也无妨。

第7章

如何规避生活习惯中潜藏的陷阱

居住环境

打造儿童空间·客厅学习的利弊

近年来，“客厅学习法”开始进入大众的视野。据称，在客厅学习可以让孩子爱上学习，提升成绩，很多优秀的孩子都有在客厅学习的习惯。

在家长能看到的地方，确实更容易让孩子乖乖学习。而且，这样还能在孩子遇到问题的时候及时进行辅导，也可以和孩子有更多交流。从这个角度考虑，在客厅学习确实可能提高孩子的自我肯定感。

但是如果家长行为不当，孩子的自我肯定感反而可能会降低。在客厅学习有利于家长观察孩子的生活习惯，但也给了家长更多干涉孩子生活的机会，增加孩子的被动体验。请家长尊重孩子的自主权。

事例 N（小学三年级学生的母亲）

为了让小学三年级的孩子在客厅学习，N煞费苦心。但是孩子写作业总是拖拖拉拉，经常要挨骂才会开始写，家长买的练习册也都被丢在一边。N需要盯着孩子做事，对孩子只有负面评价。

因此，她放弃了让孩子在客厅学习的想法，打算让孩子回自己的房间学习，但孩子在没有家长监督的地方学习效率很低。

我建议N尊重孩子选择学习场所的自主意愿，避免过多指点干预孩子，减少对孩子的负面评价。

没有必要特意规定孩子在房间学习、在客厅休息。对孩子而言，在适合的地点及环境学习效率更高。固然有许多孩子在客厅学习效果更好，但应具体情况具体分析。

除了学习之外，也不用规定孩子必须在自己的房间进行玩乐、休息、睡觉等行为。孩子自己的房间在家庭中的作用是保证孩子有独处的空间。请根据家庭成员构成及家庭空间，营造让孩子及其他家人都能放松的家庭环境吧。

减少禁令及责骂是避免孩子在家庭环境中降低自我肯定感的要点。

为了保持家里整洁而训斥孩子、因为楼下投诉而责怪孩子的脚步声，都对培养孩子的自我肯定感不利。

孩子把玩具等东西乱扔时，各位家长常会训斥孩子邋遢，责令他们赶紧收拾。孩子这样做确实会让家长烦躁，但经常因此训斥孩子会导致孩子自我肯定感下降。

如果把玩具按照便于快速整理的方式进行便捷收纳，孩子玩过玩具之后也可以不经训斥就很快收拾好。

所谓便捷收纳，指固定物品收纳整理的位置，不至于太过复杂，让孩子也能轻松做到。便签、贴画等方式有助于帮助孩子理解收纳位置。

这会是一个大工程，但孩子弄乱东西是天性，请在优化收纳方面多下功夫，**减少训斥孩子的次数。**

物品收纳方式**应贴合孩子的生活习惯。**

比如说，如果书包架离门口太远，孩子放学回来就会因为嫌麻烦而直接把书包扔在门口。但如果书包架就放在门口不远处，孩子收纳书包就会变得很容易。

如果孩子好好收拾了东西，**请夸奖他们**收拾得真棒。这样会让孩子有成就感，提升自我肯定感。

如何处置孩子的手工、美术作品是一个难题。把孩子的大作装饰起来会让孩子很开心，但这些作品会越来越多，全都展示出来显然不现实。而如果擅自把孩子的作品丢掉，又会伤到孩子。

可以在家里给孩子**留出一个作品展示区。**如果有新作，**展品的更替交由孩子自己决定。**

有些孩子并不介意如何处置自己的作品，而有些家长对家居陈设固执己见，所以请根据家庭的具体情况，尊重孩子的意见，**亲子商议**决定具体方案。

要点

- 客厅学习有利于家长观察孩子的生活习惯，但也容易导致过多干涉孩子，让孩子过于被动，降低自我肯定感。
- 学习场所的选择应尽量尊重孩子的意愿。
- 孩子的房间并不一定是书房。让孩子自己选择便于学习的场所即可。
- 孩子自己的房间在家庭中的作用是保证孩子有独处的空间。因此，孩子学习、玩耍、休息、睡觉也不一定都要在自己的房间进行。

睡眠

关注哈欠信号·确认孩子白天在学校、幼儿园的情况

据调查，日本孩子的睡眠时长与韩国并列位居世界最低水平。

睡眠对保证孩子健康以及大脑发育有着极其重要的作用。睡眠不足不仅会导致大脑信息处理能力下降，还会影响生长激素及抗利尿激素等激素的分泌。

医学观点认为，小学高年级学生每天需要九个半小时的睡眠时间，高中生需要八小时以上的睡眠时间。日本小学高年级学生睡眠时间普遍缺少半小时以上，而高中生睡眠时间普遍缺少一小时以上。

少儿成长必要睡眠时长

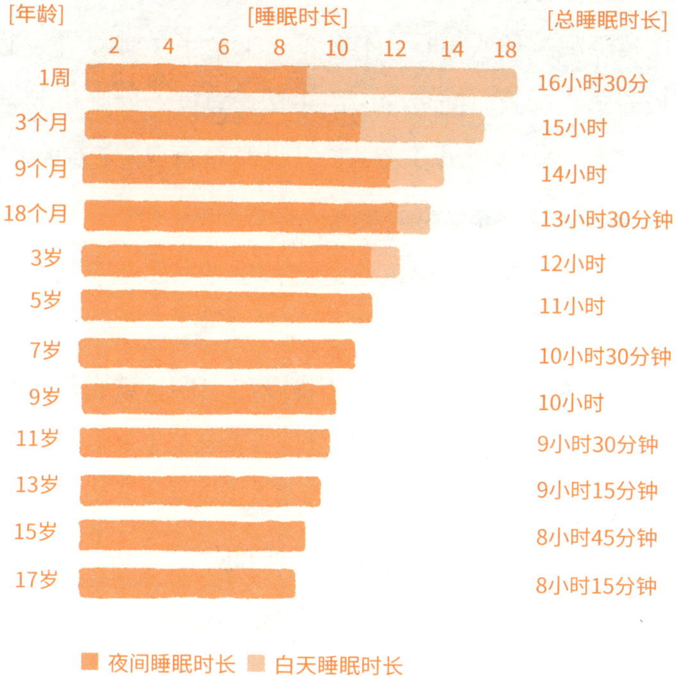
[年龄]
[睡眠时长]
[总睡眠时长]
2 4 6 8 10 12 14 18
1周
16小时30分
3个月
15小时
9个月
14小时
18个月
13小时30分钟
3岁
12小时
5岁
11小时
7岁
10小时30分钟
9岁
10小时
11岁
9小时30分钟
13岁
9小时15分钟
15岁
8小时45分钟
17岁
8小时15分钟
夜间睡眠时长
白天睡眠时长

睡眠充足能提升
自我肯定感！

自我肯定感与睡眠时长相关。

根据我们开展的睡眠时长与生活满意度关联性的调查，睡眠时长越短，生活满意度越低，自我肯定感也越低。

比较睡眠时长八小时以上及不足七个半小时的两组小学生可以看出，睡眠时间短的一组生活满意度、健康状况、自尊感、学校成绩等的得分均更低。尤其是自尊感，睡眠时间短的一组相关得分非常低。

睡眠充足的孩子比睡眠不足的孩子生活质量更高，自我肯定感也更强。

孩子熬夜、早上起不来，不能及时出门，就会被家长催促。家长每天早上催孩子尚且烦躁，每天被家长催促、叮嘱的孩子的心情自然也可想而知了。

但是如果双亲工作都很忙，孩子的作息时间就会随之延后。另外，上补习班、作业太多等因素也导致越来越多的小学生推迟就寝时间，孩子们的睡眠时间也就随之缩短。

要保证孩子的睡眠时间，不要急于从让孩子早睡入手，而是先让孩子早起。醒得早就会困得早，困得早就会睡得早。即使孩子晚上睡得不好，也要让他早起，这样孩子当晚就会犯困早睡。这种改变并不能一蹴而就，**但不必着急**，不妨先试试。

虽然原则上需要孩子早起，但青春期的孩子一般很难早起。而且为了保证社团活动、写作业、玩游戏、上网等自由时间，孩子的就寝时间自然会较晚，因此难以早起。

这种情况下不必强制要求孩子必须在规定时间起床。为了保证睡眠时间，有些情况下应当容许孩子晚起半小时。这种情况下**最好也让孩子吃早餐**。周末睡懒觉会破坏睡眠节奏，所以上述时间调整**可以在周末进行**。

上午就在打盹或反映身体不舒服的孩子很可能是睡眠时间不足，应确认他们的就寝时间和睡眠时长。

另外，罹患睡眠障碍的儿童也并不少见。如果孩子失眠、怎么睡都不够、白天严重犯困、晚上睡不着，请及时带孩子前往儿科就诊。

要点

- 日本孩子的睡眠时长全世界垫底。请保证孩子的睡眠时间。
- 睡眠时长过短会导致生活满意度及自我肯定感低下。

- 原则上应让孩子早睡早起，但青春期的孩子难以早起。
- 如果孩子睡眠时间充足仍然严重犯困，请及时就医。

用餐

与家人一起用餐可以塑造自我肯定感

对孩子而言，吃饭不光可以提供身体成长必要的营养，还对他们心理成长有着重大作用。儿童生长需要超乎想象的能量，幼儿园儿童每天需要摄入1300~1500千卡路里能量，小学三年级学生所需能量与成年人基本相同，而随着年龄继续增长，儿童所需能量将超过成年人。如果因为晚起而省略早餐，只用剩下两餐，确实也可以满足全天能量需求，但从营养摄入和心理健康角度出发，并不建议这样做。

儿童会通过一家人其乐融融围着餐桌吃饭建立家庭认同感，感受到自己被爱、被保护。我们的调查结果显示，**每天吃早饭的孩子自我肯定感更强，**具体的直接原因尚不明确。

营养均衡、饱含爱意的自炊饮食自然好，但过度执着于自己做饭会给家长带来压力，所以不必太纠结于此。如果太忙，吃超市卖的简餐或速食品也可以。家长不必给自己太多负担，**只要保证孩子一日三餐都有得吃就行，具体吃什么不用太在意。**

饭桌上的家庭交流能**给孩子留下与家人紧密相连的记忆。**请尽量让孩子多多铭记其乐融融的每一餐吧。

满桌饭菜琳琅满目，吃到肚里心满意足，这种体验会**让孩子感到自己被爱、被珍惜，**可以提高自我肯定感。

但是由于家长工作忙、孩子上补习班等原因，现代社会的家庭很难团聚在餐桌前，无奈之下很多孩子会独自吃饭。请每周保证至少一次**全家人一起用餐的机会**，哪怕仅仅是早餐也可以。用餐不仅是“吃”，更是家人的团聚。另外，**用餐时请勿讨论负面信息、谈论学习**。

要点

· 幼儿园儿童每天需摄入1300~1500千卡路里能量，小学三年级学生所需能量与成年人基本相同。

· 不必过分纠结吃了什么，否则亲子都难以放松。
· 和家人一起吃饭可以培养自我肯定感。用餐不仅是“吃”，更是家人的团聚。

学习

课业过重涉嫌“教育虐待”！再小的孩子也要尊重其意愿

最近“教育虐待”一词常见诸报端。新闻报道中的案例都很极端，“虐待”二字看起来离我们很远，其实它就在我们身边。

很多家庭望子成龙心切，希望孩子赢在起跑线上，会从幼儿期开始抓教育。

但是这一时期本应是儿童通过肌肤相亲与家长建立纽带的时期。孩子本应自由玩耍的时光以早教的名义被剥夺，这会给孩子带来很大的压力。

忽视儿童成长发育阶段强行开展教育可能会给儿童带来痛苦。无视幼少儿的意愿强行让他们学习，可能属于教育虐待。

所谓教育虐待，指家长以教育的名义单方面支配亲子关系，忽视孩子的人权，滥用家长权力，属于一种心理虐待。

家长自称为孩子着想，过度在意孩子的成绩和他人的评价，比起保障孩子的利益，更在意缓解自己的不安情绪。而身为受害者的孩子被“教育”这一概念裹挟，认为家长是出于善意，反而会反思是自己不够好、不够努力。

责骂、不分青红皂白要求孩子写检讨、单方面实施责罚，都是教育虐待的体现。

就算孩子尚且年幼，也要征询孩子本人的意愿。一些家长不仅对孩子的期望过高，还会把自己人生中没能达成的愿望投射在孩子身上，形成了支配、束缚型的亲子关系。

对小孩子而言，家长是唯一可以依靠、不可或缺的存在，所以他们从小就会形成满足家长期望的依赖关系。而当这些孩子醒悟时，他们已经不能过自己想要的生活了。

事例 O（中学生）

O，中学生，与家长一同向往某私立名校。

比起O本人，他的家长似乎更加拼命。O的家长会压缩自己的时间接送O上补习班、制作盒饭，但如果O模拟考成绩不好就会斥责他，与O共度的时间里也一直在事无巨细地下指示。因为家长对O的交友情况也要一一过度干涉，O出现了抽动症状。

O认为自己在家里一直被监视。而O的家长则只是担心O的抽动症会影响考试，希望我赶快开药治疗。O的家长年幼时也受到了自己家长同样的干涉，但当他们为人父母后，似乎并未察觉到自己已经重蹈了自己家长的覆辙，让O再次体验了自己过去的痛苦。

我告诉O的家长，过度在意环境会诱使抽动症发作，目前没有使用药物介入治疗的必要，请不要过度关注O。后来O没来复诊，希望他们的亲子关系已经有所缓和。

要点

- 教育虐待指家长无视孩子的意愿实施有害的教育行为。
- 要求孩子超出承受范围学习，过度干涉成绩、志愿，都属于教育虐待。
- 责骂、不分青红皂白要求孩子写检讨、单方面实施责罚，也属于教育虐待。
- 如果家长曾遭受过教育虐待，可能会难以把握教育孩子的分寸。请确认孩子自身的意愿。

作业

可以对写不完的作业说“NO”

常有家长因孩子作业没写完却在玩游戏，或作业太多没时间睡觉而困扰不已。

有些孩子即使作业很多也能轻松搞定。但是如果每天写作业筋疲力尽还要被家长责骂，孩子的自我肯定感只会下降。作业存在的意义是什么？作业本应是提高孩子的学习能力，帮助孩子养成学习习惯的手段。

对有些孩子而言，作业太过简单，但与其向老师和家长反映这件事自找麻烦，不如自己三下五除二把作业写完。这些孩子已经有了学习的习惯，没有必要给他们留作业。

而对在学校没有学懂，把问题带回家温习的孩子而言，写作业需要付出很多劳力，无法帮助他们养成学习习惯，只能带来被动的痛苦体验。三四十个人一起学习同样的课程，有些孩子会觉得很简单，也会有些孩子觉得很难。按照知识掌握情况分组教学未尝不可，但我认为学校应当先让每个学生都能有效率地学习。

我认为**让孩子每天写过多的作业并不可取。**每天处理过量的作业会削减孩子的睡眠时间。而对孩子磨蹭不耐烦的家长每天训斥孩子，就会让学习变成一种磨难。这对养成学习习惯只能起到反作用。

我们的生活满意度调查显示，与国外相比，日本孩子不光自尊感低，对校园生活的不满情绪也更强。我认为这与日本孩子过度关注成绩、课业负担过重相关。

家长**如果觉得作业太多挤占了孩子的睡眠时间，不适合孩子，可以考虑与老师沟通。**有些老师会同意根据孩子个人情况调整作业量。

我认为**在家里悠闲自得、自由支配时间思考，比写作业更重要。**要为孩子营造可以自主思考何时学习、学什么的环境。

要点

- 应当拒绝写不完的作业、单纯重复已经掌握的知识的无谓作业。
- 没有作业不等于离开学校就不再学习，要为孩子营造可以自主思考何时学习、学什么的环境。

学校

从过于严厉的老师手下保护自己

班主任会给孩子的校园生活带来很大影响。小学生每天都会和班主任相处，与班主任的关系十分关键。能营造良好学习环境、相处融洽的老师，可以为孩子的学习和心理发育带来良好的影响。

但老师多种多样，有些老师非常严厉。有些老师虽然严厉，但仍然能与学生们相处融洽、备受仰慕，也不会在班上乱发脾气，这样并没有问题。

而有些老师支配欲强，不分情况训斥孩子，严厉得令学生害怕。有些孩子会受老师影响没有精神，或在家里捣乱发泄。

在日本，儿童虐待特指监护人对孩子的虐待，而英语中儿童虐待写作“child-abuse”，没有特指亲子关系。因此，儿童虐待并不仅指监护人虐待孩子，也包括教师虐待学生。

地位较高者（教师）滥用权力干扰地位较低者（学生）的行为被称作职权骚扰，这一概念源自大学。职权骚扰也可能披着教育或成绩评价的外衣。另外，对学生进行明显的差别待遇也属于职权骚扰及心理虐待。

如果孩子从学校回来后**发脾气、状态很古怪，请和孩子交流。**不要着急催促孩子学习，不妨先拿出零食，让孩子放松下来。**如果孩子愿意倾诉，就让他们发泄不安的情绪。**

如果孩子出现身体疾病或思维发育障碍，可以向学校提出申诉。这种事不能忍一时风平浪静。另外，如果孩子吐露或状态显示教师可能有问题，请站在家长的立场直接与教师交涉。如果情况没有改善，请直接与教导主任、副校长、校长沟通。

但有些学校如同黑工厂一样，教师的工作时间很长，不得喘息。有些问题会因学校管理层的考虑而一再耽搁。**如果问题太久没有得到解决，**家长感觉其中有古怪，请及时予以记录，并**报告给教育委员会寻求帮助。**

如果沟通时间过长却又迟迟没有进展的话，双方都会疲于应对、萌生出不信任感，而且这样耽搁下去对孩子绝无好处。**如果反复拉锯扯皮仍没有解决问题，建议尽早与医疗机构、福利机构、司法机关沟通。**

要点

- 过于严厉的教师可能涉嫌教育虐待。
- 只对个别学生过于严厉的教师可能涉及职权骚扰。
- 如果孩子出现身体疾病或思维发育障碍，可以向学校提出申诉。
- 教师需要备课、应对家长，非常疲惫。如果沟通时间过长却又迟迟没有进展的话，双方都会疲于应对，不利于解决问题。
- 如果与班主任沟通不理想，应与学校管理层、教育委员会沟通。如果教育系统内仍然不能解决问题，应考虑与司法机关等外部机构沟通。

娱乐时间

不插手让孩子自己乱玩的好处

孩子在捣鼓一些大人觉得毫无意义的事情时，眼睛会闪闪发亮。

孩子身为孩子的时间十分宝贵。在孩提时光体验丰富，会让孩子的欲望和干劲都得到满足，进而培养自我肯定感。

在孩子做自己想做的事情时，如果家长啰唆干涉，就会降低其自我肯定感。**请对孩子的所作所为睁一只眼闭一只眼，让他们尽情做自己想做的，玩自己想玩的。**孩子会在自发的游戏中习得规则。

当然，对孩子而言，有些事能做，有些事不能做，应当明确禁止事项。首先是危险行为，**例如玩火、玩刀、推人等可能危害他人的行为，可能引发生命危险，必须严厉斥责。**

从爱护动物的角度出发，伤害动物的行为应当禁止。另外，不得伤害他人饲养的动物。虐待动物可能源自遭受家人或他人的暴力。因此，不应止步于制止孩子虐待动物的行径，还应该关注孩子的状态。

另外，有很多家长会斥责孩子浪费。

很多孩子都喜欢把卷纸大量扯出来玩。大量挤出颜料有时也会被家长训斥浪费。

这些行为确实都属于浪费，但有些事如果不亲自感受是无法体会的。而有些事只要做过一次就满足了。这种情况下可以让孩子放手去玩，这样不仅可以满足他们探索的欲望，还可以**培养他们的创意思维**。

孩子玩过后收拾残局时，如果喋喋不休地训斥，也会让孩子的自我肯定感下降。可以减少玩具的数量便于收拾，或营造方便收拾东西的环境。

如果太过脏乱、超出忍耐限度，孩子也会自发地收拾东西。如果出现这种情况，不要忘记在孩子收拾过后夸奖他们，逐渐培养他们主动收拾东西的习惯。

一一叮嘱会让孩子的自我肯定感降低。**睁一只眼闭一只眼是育儿的重要法宝。**

要点

· 孩子会在自发的游戏中习得规则。
· 玩火、玩刀、推人等可能危害他人的行为，可能引发生命危险，必须严厉斥责。
· 诸如扯卷纸玩这种浪费行为可以培养孩子的创意，有时不妨网开一面。

手机、平板电脑

自我肯定感强的孩子更好管理

热衷于游戏或网络的孩子会养成不经思考就行动的习惯，不能客观看待自身，自我肯定感低。

如今一出生就接触手机、平板电脑等电子产品的孩子被称为“数码一代”，对他们而言，这些电子产品是再普通不过的工具。数码一代的孩子们擅长使用这些工具，**未来这些电子产品将会成为不可缺少的工具，必须熟练掌握。**

从低年龄段开始接触手机及平板电脑究竟有何影响，目前尚没有足够的数据支持。

近期有如下新闻报道：

①2019年世界卫生组织将游戏成瘾认定为精神疾病。

②根据2017年厚生劳动省的调查，约14%的初高中生对互联网的使用趋于病态。目前没有针对小学生的大范围调查，但推测这一比例将很高。

根据大脑发育理论，接触电子产品的年龄越小，越容易形成依赖。

从目前电子产品的普及情况来看，孩子可能因为一款产品其他人都有只有自己没有而导致自我肯定感下降。具体情况需要家长自行判断，但一般**如果孩子本人想要，就应当买给他。**

活用手机及平板电脑自然也有好的一面，但使用时间过长会沉迷，还会挤占其他娱乐、读书、运动等行为的时间。**应当事先规定电子产品的用法用途，与孩子充分沟通。**

当给孩子手机后，请仔细观察孩子使用手机的方式，如果孩子有沉迷的倾向，应当及时予以干涉。

根据日本东北大学川岛隆太教授关于手机与学习能力的研究，任何中小学生开始使用手机后，成绩都会下降。而没有手机或用过手机但被中止使用的学生，成绩有上升的倾向。长期使用手机的儿童即使长时间学习，成绩也难以提高。这一研究结果被发表在国外期刊《人脑图谱》上。

此外，每天使用手机时间在1小时以内的学生成绩并未下降。因此，学生**不要沉迷于电子产品，要学会自我控制。**

自我肯定感强的孩子能控制自己，可以在电子产品与学习、兴趣、娱乐之间取得平衡。

2000年左右有大量报道指出，长时间玩游戏的儿童，以及常看有攻击性内容、不利儿童成长的节目的孩子，攻击性更强。长时间玩游戏还会导致视力下降、缺乏运动。儿童自我肯定感低导致游戏成瘾，而游戏成瘾会让家长训斥孩子，形成恶性循环。

电子产品的快速普及，使得在狭小的屏幕上长时间玩游戏、看视频、学习（大学生会用平板电脑写报告）都变成了理所当然的事情。这种倾向可能造成的影响还没有足够的数据支持，但有很多观点认为这可能带来进一步的危害。

手机上有诸如LINE（国外流行的即时通讯软件）等通讯软件、视频软件、游戏、信息搜索软件等多种应用。而在这之中，社交网络又因可以进行信息双向即时交流，使用时间更长。有学习或其他正事要做时，脑子里也可能都是网上的事情。

桌面杂乱是无法开始工作的，应当先收拾桌面，准备着手工作。长时间使用手机，信息会不断涌入大脑，脑内会呈现信息杂乱无章的状态。所以，在这种情况下是不能集中精神做其他事情的。

我对于电脑和手机之间区别的认知可能尚且浅薄，但据称手机是用一只眼睛集中精力看的。短时间内单方面输入过量信息可能会导致大脑疲劳。

我也会长时间使用电脑，但我感到疲劳时会暂时休息，避免长时间连续使用。而手机可以随身携带，做其他事时也能掏出来用。**不论对儿童还是成年人而言，手机的使用方法和使用时间都需要引起更多注意，**我想这一议题在未来也会有更多讨论。

近十年间手机性能发生了翻天覆地的变化。在电车上，几乎所有人都在低头看手机，感受不到他们有共处一室的意识。根据近期的研究数据，手机与自我肯定感的关系应当引起警觉。究竟是避免过度使用手机才能保持自我肯定感，还是自我肯定感低会更容易过度使用手机，将会是未来研究的重要课题。

要点

· 2019年世界卫生组织将游戏成瘾认定为精神疾病。

· 根据2017年厚生劳动省的调查，约14%的初高中生对互联网的使用趋于病态。

· 根据大脑发育理论，接触电子产品的年龄越小，越容易形成依赖。

· 自我肯定感强的孩子能控制手机的使用。

· 手机每天最多玩1小时。如果不能控制，应安排中途休息。也可以考虑使用电脑等屏幕更大的媒介。

结语

我对自我肯定感这一议题感兴趣源自2000年左右整理儿童生活质量的研究结果。生活质量并不仅在于追求身心健康，而且是着眼于人生活中所有的要素是否都得到了满足。我根据德国研究者制定的“Kid-KINDL”模型（经许可后翻译为日语）在日本小学生、初高中生之间开展了生活质量调查。

简单地说，这一模型将儿童的生活质量分为6个领域（身体健康、心理健康、自尊感、家庭、朋友、校园生活），每个领域设置4个问题，儿童根据自身情况在1～5分间进行打分。调查结果以百分制指数呈现。我在日本国内进行了跨地域及学校类别的大范围调查。

调查结果表明，日本孩子的生活质量受自尊感影响很大。日本孩子的普遍特征是自尊感从小学三至四年级（10岁左右）开始急转直下。

针对这一结果，多年研究儿童抑郁症的村田丰久认为，这个年龄段与临床上儿童抑郁恶化的年龄一致，调查结果非常重要。自尊感与儿童的心理健康息息相关，我便开始以此为目标展开研究。

我对在联合国儿童基金会的幸福度调查（2007年）中幸福度名列前茅的荷兰与日本进行了比较。

荷兰儿童的自尊感在10岁左右也有下降趋势，但他们的自尊感在青春期后不会太低。而与荷兰相比，日本儿童自尊感的下降程度过大。对这一研究结果感兴趣的读者可以阅读拙作《为什么日本儿童的自尊感低》（光文社，2009年出版）。

构成生活质量的6个领域
生活质量（QOL）
身体健康（Physical Well-being）
心理健康（Emotional Well-being）
自尊感（Self-esteem）
家庭（Family）
朋友（Friends）
校园生活（School）
如果生活中所有的要素都得到满足就完美了！

在此后的十年间我进行了许多调查，但日本儿童自我肯定感的低下没有任何改善。来我处就诊的小初高中学生中，有许多人自我肯定感低下。

日本初高中生的自我肯定感在世界范围内也很低。问卷中“认为自己有价值”的青少年比例为：美国57.2%，中国42.2%，韩国20.2%，而日本只有7.5%（资料来源：《高中生身心健康调查》，国立青少年教育振兴机构，2011年）。

自我肯定感稳定的儿童可以适应各种环境的变化，更有前途，长大后对社会的适应能力也更强。

请各位家长自己先过上自我肯定感强的生活吧。不必追求完美，只要有让孩子的大脑健康成长的观念就好。不必追求成为他人眼中的好家长，而是用自己的本来面目、用全身心的爱包容孩子，不要强求孩子，保持乐观放松即可。

最后我要感谢本书自立项到最终出版都给予我大力支持的钻石社中村直子、NPO法人JAM网络负责人高取静香。高取女士以宣传语言的力量为己任，面向全国亲子举办了“言语露营”活动，为儿童自我肯定感的建设事业立下了不朽功劳。如果没有中村女士及高取女士的帮助，恐怕我难以完成此书。请容我再次对二位致以最真挚的感谢。

2019年12月

书于青山学院大学圣诞树闪耀之时

古庄纯一

作者

古庄纯一

1984年毕业于昭和大学医学部，1988年研究生毕业，1990年取得儿科医学博士学位。1998年任昭和大学儿科医学讲师，2002年起任青山学院大学文学部教育学助理教授，2007年升教授，2009年学科改组任青山学院大学教育人类科学部教授。

擅长儿童精神科、儿童神经学、癫痫学等。2003年获日本儿科学会Eli Lilly海外研修伙伴奖。现任日本小儿神经学会常务理事、日本发展性障碍联盟理事、日本儿科学会用语委员长等。

主要著作有：《放弃做个好家长才能放下重担》（青春出版社，2019年出版）、《儿童精神保健指南 修订第2版》（诊断与治疗社，2019年出版）、《思维发育障碍援助入门》（教文馆，2018年出版）、《解开思维发育障碍的误会》（朝日新闻出版社，2016年出版）、《教育虐待与教育忽视》（光文社，2015年出版）、《儿童生活质量标准的理解与活用》（诊断与治疗社，2014年出版）、《为什么日本儿童的自尊感低》（光文社，2009年出版）等。另外还在杂志、机关刊物、一般书籍、学术期刊等处发表了大量著作。